為什麼他的商品可以 ↑ 翻倍賣？

華頓商學院MBA
打破成本迷思的訂價學

目錄 CONTENTS

推薦序
達成「向上競爭」的關鍵優勢

　　如果認為企業的訂價策略能從整體企業策略抽離出來，恐怕大錯特錯，很少有適合企業採用低價策略的情況，除非比同業有更高的生產效率，或是更低的勞動成本。

　　多數企業的目標都應該放在運用科技及創新，加上對顧客的了解，增加產品對顧客的吸引力，以獲得競爭優勢（competitive advantage），而且要避免不可能帶來競爭優勢的商品交易，除非有特殊情境或是規模經濟（economies of scale），能讓成本比同業來得低。

　　成立新企業的創業者務必銘記蘋果（Apple）iPhone的成功表現，iPhone為公司帶來可觀的人均附加價值，並不是因為生產成本低於同業，而是因為蘋果製造的產品，在提供服務、使用便利性和設計品質各方面，帶給消費者極大的吸引力，讓他們願意掏出更多錢買單。透過不斷的創新和卓越的工程技術，蘋果總是能領先業界。

5

　　如果想要與台灣、新加坡及南韓等新興國家的公司較勁，上述要點對公司而言格外重要。這幾個國家現在製造商品的能力與歐美並駕齊驅，而且工資更加低廉。對西方國家的企業來說，與其壓低成本和價格「向下競爭」，該做的是提高創新率，並藉此開發出適合未來且高度知識密集的新產品，讓消費者願意多付費，達成「向上競爭」。

　　在這本談論訂價的務實傑作中，法爾扎尼教導公司如何做出良好的訂價決策，因此能夠獲利、再投資，並帶來成長，不僅如此，還教導大家如何避免新創業者容易犯下的錯誤。所有有志創辦新公司、並在當今競爭激烈的全球市場中成長獲利的人，都應該拾起本書一讀。

大衛・森寶利（David Sainsbury）
特維爾的森寶利男爵（Lord Sainsbury of Turville）

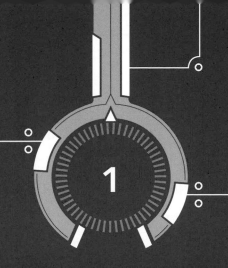

1

一本聰明訂價的教科書

本書談論聰明訂價（smart pricing）的策略與戰術，讓讀者理解訂價的運作方式，以及如何避免常見錯誤，包含因為認知偏誤（cognitive bias）引起的錯誤。閱讀時，你會獲得如何訂定和管理價格的相關解析、可用工具與行動指引，並懂得透過有利方式調高價格的做法和時機。這麼一來，你就能理解如何在組織中創造出追尋價值的企業文化、如何與他人談論訂價策略，並讓對方一起加入。

因此，本書鎖定的閱讀對象是企業經理人、企業負責人、學生及創業者。廣義來說，也就是想要促進企業（包含新企業和既有企業）成長，並了解如何以聰明訂價來達成的人。只要方法對了，聰明訂價也能避免募集新資金曠日廢時又所費不貲的過程，像是向銀行借貸或出售股票給投資人，這些也是在一般情況下，為了企業成長必須做的事。

撰寫本書的主要用意，在於幫助企業避免犯下我與大大小小公司合作時常見的嚴重錯誤，就是訂價過低或訂價失策。這不僅是企業發展初期常有的缺失，眾多老牌企業同樣會犯下這個錯誤，並摧毀成功的機會。任何物品的價格往往都有所謂的「甜蜜點」（sweet spot），但是即使價格可能過高或過低，過低的情況往往更常見。考量特定價格引發的觀感時，公司通常會輕忽訂價的「框架效應」（framing effect）有多重要。

價格是決定成長中公司能否存活並興隆的要素之一，但

是大家卻低估訂價過低的危害。這個常見的死角不僅對個別成長中企業造成嚴重威脅，也連帶危害國家整體的社會和經濟健全度。

重新評估訂價議題，並採取聰明訂價，對規模或大或小的企業而言都值得實行。

無論在任何國家，新創企業和中小企業通常是市場裡的投資者，是帶來高成長、走在時代尖端的事業，很有機會提升全國的生產力、保持經濟景氣，並且解決許多公共問題。新創企業和中小企業在英國占了99%，在私部門中囊括60%的工作，而且年營業額超過50%。在美國，3,000萬家中小企業幾乎占了私部門三分之二的工作[1]，占全美的工作比例更超過一半。

新創企業和中小企業也是大公司創新的關鍵驅動力，因為這些大公司會將其併購，獲得創新的解決方案與新科技。

本書藉由引起大家對價格的關注，期盼透過解釋和導正認知偏誤，避免新創企業負責人與大企業經理人只關注壓低價格，卻未能提升成果。如同接下來將會看見的，「提升成果」絕對是更理想的選擇，而「壓低價格」往往會導致惡果。

讀完本書後，你將能好好掌握為何訂價很關鍵，並講究策略。你會明白為何要主動掌握訂價，以及為何這對任何企業的存亡興衰至關重要，也會了解單次訂價或每年訂價的常見慣例不僅有所缺失，從商業角度而言更蘊藏著致命危險。

本書將回答下列問題：

- 我們的產品或服務應如何收費？
- 我們的顧客願意付多少錢？
- 如果提高價格，會不會失去顧客？
- 如何在訂價上涵蓋成本？
- 訂價策略有什麼好處？
- 提高或降低價格是否有助於我的企業成功？

提高價格不等於漫天開價

我們必須在一開始就強調，提高價格的目的不在於斂財，或是「漫天開價」。那些做法既不可取，也難以維持，我們要立刻消除相關聯想。

我們講的提高價格，為的是帶來經濟營收，以重新投入產品2開發，並用來鼓勵創新；為的是帶來更好的員工訓練，並支付更多報酬給有幹勁又有能力的員工；為的是加強員工素質，並減少流動率；為的是帶給顧客好品質，並讓僱用的員工更快樂、更熟練且更具生產力。說到底，我們為的是找出良方，讓企業對所有利害關係人而言都更上一層樓。

本書提供最完整的訂價解決方案

本書提供多個選項、技巧及不同做法，也給予眾多例子和練習題，幫助讀者把這些原則運用到自己的公司，包含在書末附上精華摘要讓你參考使用。

訂價落在銷售及行銷的範疇內，這個主題廣泛且內容相當不一。有許多專門針對產業的做法和常規，所以我盡可能用宏觀方式，為訂價的整體重要性提供各種解析與解決方案。

有些解析與解決方案適用於你的公司，有些則不然。我會引導你一一檢視各式各樣的做法，方便你揀選並找出精華，讓你就價格對自己本身和所屬組織的影響產生全新認知，並在過程中帶來莫大價值。

為此，本書解釋當今各公司在訂價時採用的工具和技巧，外加一些有時用來從顧客身上謀取更多利潤的伎倆。你可以決定如何應用這些資訊，例如提高自覺，保障自己身為消費者的權益。

我們會在第2章開始進行分析，從訂價過低的詛咒說起，並思考為什麼這種現象會在大家認定的「高成長企業」中如此普遍。「高成長企業」這個詞彙指涉廣泛，因此常用於描述各種規模的企業，包含新創公司、中小企業或是成長中公司，而它們無一能倖免於訂價的問題。在第3章也會加入更大型、穩定的組織，它們遇到的風險也不相上下。

　　第4章會回顧傳統的訂價理論，該理論萌芽於1930年代的美國大學，然後會談論為何這個理論不適用於今日高成長企業的需求。接下來，我們會在第5章探索價格對成長的重要性，以及它和推動良性現金流表現的關聯。

　　第6章談論打造良好訂價的慣例，檢視為何價格基本上不該是「成本加成」，即使實際上這種案例屢見不鮮。接下來，再談論訂價應該如何做起。在第7章和第8章，則會談論價格與價值之間的關係，並探索高成長企業如何透過高再投資報酬率（reinvestment rate）來促進成長。

　　本書最後一部分會談論日後如何向前邁進。第9章提出一個令人動心的問題：「是否有辦法讓價格翻倍？」接下來，第10章到第12章會談論認知偏誤，像是框架效應與促發（priming），還有漲價策略，並對新型態的價值管理提出建議。

　　以上會讓你明瞭把價格視為越低越好的心態非但不對，甚至可能導致大難臨頭。雖然聽起來很矛盾，但是實際上我曾接觸的每家高成長企業，靠著聰明訂價的策略，都有相當寬裕的預算。低價不見得就能降低風險。

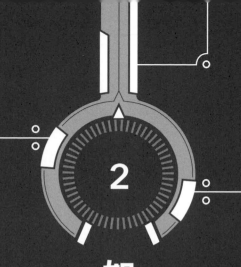

2

如何知道自己訂價過低？

在培育或輔導初創企業時，一大常見的問題便是訂價過低，為大企業提供顧問服務時亦然。第3章將提到某些知名企業倒閉的例子，如果它們當初小幅改變價格，結果將會大為不同。

那麼，訂價過低是什麼？訂價過低是公司長期讓販售價格比實際可訂定的低上不少，也就是價位（price point，又稱價格點，即顧客最容易接受的價格）比實際所需還低，甚至可能少了1%到2%。這個數字乍看很小，但是接下來就會看見，它對營收的影響比預期來得大。訂價過低的公司等於沒有得到最大應得利益，也沒有獲得應得的經濟報酬。

公司通常很不喜歡訂價這件事，有些公司無奈地發現自己訂價過低，有些則從未想過這個問題，即使已經低到無法支持公司需求。並非所有企業的情況都是如此（在有些特例中，價格管理其實無關痛癢），不過幾乎所有的公司，從最樂觀的方面來看，是沒有妥善運用價格能帶來的效果；而從最悲觀的方面來看，則因為訂價過低而導致未來堪憂。

通常情況很簡單，就是沒有為好的產品和服務索取合理價格。這之所以會成為「問題」，是因為這些企業未能察覺到，收取價格不夠高的同時，等於限縮維持生計與促進成長的前景。訂價過低會減少利潤，因而讓公司更不易投資未來、獎賞員工，以及改善提供的產品。

約有60%的新企業在三年內就會倒閉[1]，這個比例高得

如此驚人，一大原因在於缺乏利潤率（profit margin）和現金流（cash flow）。就算勉強營運的公司，也會因為低價和低利潤率導致成長停滯——小公司的規模無法擴大，大公司也會因而限縮成長、扼殺潛能，並減損長久經營的機會。

公司常見的說詞

下述是公司哀嘆難以訂定和提高價格時通常會說的話。

「訂價太高，就沒有人會買了。」

這家公司認定如果價格調高，顧客就不願意買單。言下之意，顧客對價格極為敏感，並且會主動選擇價格較低的選項。下一章會探討需求的價格彈性（price elasticity of demand），以及購買行為如何隨著價格變動，不過這家公司可能對於價值主張（value proposition）信心不足。換句話說，該公司並非真正相信提供顧客的產品或服務有其價值，又或是和其他品牌有足夠差別，能在顧客的決策過程中占有一席之地。

「我們都努力到這個階段了，不想因為這樣失敗。」

上述擔憂在於投注許多時間與心力（等於成本）來協商交易，提高價格會讓努力都付諸流水，失去既有投資，或許這並未考量到沉沒成本（sunk cost）的概念。

你談生意時是否也曾有類似疑慮？如果你一路記錄發展事業機會所花費的時間與心力（還有金錢），是否會因此為取得訂單感到壓力？這個壓力是從何而來，又能做哪些事情來緩解？

這時候有個實用的考量概念是沉沒成本，是指已經產生而無法恢復的成本，因此不該影響未來的決策。過去的投資決策（包含錯誤），不該牽扯到對往後做出的選擇，否則就會遭遇「賠了夫人又折兵」的風險。

因此，新的決策應該要以個別利益做考量，而不是根據過去已經耗費的成本做決定。有一個沉沒成本的例子稱為「協和謬誤」（Concorde fallacy），是指英國與法國政府因為過去大筆投資，而繼續挹注協和號（Concorde）超音速客機，而不是止損來另謀出路。協和號從未帶來商業上的成功。

在上述說詞中，也忽略還有多少可洽談的案件（難道會因為一個案子進行中，而無法發展其他案子？）。丟掉一筆不好的生意，可能就是贏得其他機會需要付出的代價。然而在說這句話的同時，涉及的沉沒成本壓力可能難以負荷。

「我們做的是標案生意，客戶都是依據價格做選擇。」

標案的情況比較特殊，有些採購流程是單看價格，選出最便宜的選項，例如逆向拍賣（reverse auction），但這並非常態。多數標案會經過不同標準的綜合結果來決定，像是交

期績效和品質指標，而價格只是整體選擇中的一項（第5章將談論相關研究）。當然，對標案以外的許多採購決策來說也一樣。

此外，許多顧客會把價格與品質做連結，太過廉價可能表示標準太低，各個業界龍頭收費高並非單純巧合。

「我們的價格已經比競爭對手還高了。」

這家企業預設自己的資料和說法是正確的（但實際上卻不一定），還有自認知道競爭對手是誰，並能比較出顧客價值主張和價值驅動因子的相對優勢，而不只是金額高低。有時候如同之後會探究的，真正的競爭對手訂價，其實是參考價格的兩倍以上。

這句話也預設顧客是理性的，而能做出精準的比較，但是大量證據顯示事實並非如此。

代表誰的利益？

在多種情況中，不僅要問買家（或供應商2）考量誰的利益，還有這些利益是什麼。有兩個值得探討的問題指出這一點：

　　1.如果你想和供應商建立長期合作關係，會想跟負責人還是員工洽談？

17

你對此有何看法，原因又是什麼？

第二個問題稍微有點不同：

　　2.如果你想和供應商洽談較低的價格，會想跟負責人還是員工洽談？

你對此有何看法，原因又是什麼？

在問題1中，為了建立長期關係的利益，顯然要找企業負責人洽談。長期關係可能會帶來長期的價值。相反地，員工任職某個職位的期間，會比一般雇主短暫許多。因此，企業負責人對長期往來的利益關係會更關切。

在問題2中，降價基本上是要企業負責人自己掏出錢來，會導致利潤降低，最終反映到負責人身上。相較之下，員工通常是受領固定薪資，所以給予優惠對他們沒有經濟影響。假設該名員工被授權決定價格（真實狀況時常如此），會比較沒有「切身感」，更有可能給予價格折扣。

廣義而言，從訂價觀點能看出什麼？針對「這涉及誰的利益，還有利益內容是什麼」發問，就能了解買家的價格敏感度高低，並有助於形塑後續提問來找出解答。身為負責人的買家，可能會想要「獲得好價值」──無論他們如何定義這一點，或許是關於金錢方面，但也不限於此。身為員工的買家可能更在意升遷問題、爭取好績效或是保住飯碗。

此外，如果已經有了預算（運用公費時往往如此），在預算範圍內的任何金額，員工都可以接受，尤其是即使把價格壓到遠低於預算之下，也無法獲得好處的情況。

練習題

代表的是誰的利益？

對你公司的顧客而言，買方考量的是誰的利益？這些利益為何？

1. 列出你的前五大顧客，或是在你服務的每個市場中選出一位關鍵顧客。
2. 針對每一項，詢問自己以下問題：
   (1) 主要決策者是誰？
      ① 他們在組織中的職位是什麼？
      ② 參與人數有多少？
      ③ 他們在決策方面的職責是什麼，是指定、推薦或授權？
   (2) 他們代表誰的利益？
      ① 他們考量自身的利益、上司利益、公司利益或是自己家族的利益？

(3) 這些利益是什麼？

　① 他們想要達成什麼？

　② 他們有什麼期望？

　③ 他們有什麼潛在動機？

　④ 他們的服務期間有多久？

　⑤ 你能做哪些事情來盡量滿足這些利益？

　⑥ 如果關係破裂會有什麼後果？

(4) 你自己的利益是什麼？

　① 你和顧客有哪些共同或互相衝突的利益？

　② 你能否影響他們的利益或是替代選項？

　③ 你是否能發揮創意，加強共同利益或調和利益衝突？

　④ 從以上各點來看，你能用什麼方式讓自己的利益與買家的利益更加一致？

這個練習題鎖定特定的顧客受眾，揭露推動顧客決策的潛在特質——把個人需求和外部因素區分開來，像是由員工負責採購的情況下，雇主的需求是什麼；或是個人買家的私人或家庭需求。在做這個練習題時，可以先從你能回答的問題開始，還沒辦法回應的問題留到之後處理，等到經過仔細調查或是累積更多資訊後再說。無論如何，你對於某人進行購買決策的情境

能掌握的資訊越多，就越能使彼此的利益一致，達到更好的結果。

維持低價的常見理由

要解釋為什麼無法提高價格，公司最常見的答覆是很希望買賣能成交，它們認為提高價格會降低成功率，甚至還有一種不得不為的迫切感。

如同第1章提到的，公司通常會因為下列原因而盡可能維持低價：

- 對於價值主張和高價成交的信心不足。
- 擔憂沒有足夠的銷售額和生產量來支付經常性費用與固定成本（fixed cost），像是薪資支出。
- 價格已設定一段時間，未主動重新審視。

現在更詳細檢視上述各點：

對價值主張信心不足

之所以會有這種心態的原因之一，是為了無法贏得更多的生意而感到失望。過去未能成功獲得期望顧客的經驗，可

能會蒙蔽未來決策，導致公司認定低價是唯一能吸引顧客、並促成銷售的方法。

另一個原因則是顧客對費用頗有微詞。某些顧客（尤其是某幾種特定類型的顧客）會不斷抱怨價格太高。這些牢騷就只是自然的行為，甚至可說某些顧客的職責就在於對價格提出意見。相較之下，其他顧客話不多說就會購買。

這裡要注意的重點在於，顧客的意見回饋總是要看情境。大家都希望顧客喜愛自己的產品和服務，但實際上許多人發現要求折扣真的有效，因此就形成一種周旋的遊戲。如同我愛說的，提供折扣的最簡單方式，就是先把價格提高。我建議利用資料來分析這些情境，例如倘若拒絕提供折扣的話，有什麼證據顯示顧客會改變行為？

此外，有時候顧客要求折扣是一個好機會，可以用來為某項產品或服務推出增售（on-sell）和升級方案（up-sell）。增售是在同一次交易中增加販賣產品，而升級方案則是賣出更高檔或更大型的產品，取代原先顧客考慮的產品。

為顧客找出有價值的東西〔理想上，對你不會增加很多邊際成本（marginal cost）〕，就能維持利潤率，甚至能增加整體交易金額。如果能提高平均交易價值（transaction value），使得邊際獲利能力增加，就是在積極提高價格。

交易價值

平均交易價值的概念很有用，如果和顧客往來會產生某項成本，增加交易金額基本上有助於提高利潤，會提高每次交易的平均價格。

值得一再強調的是，價值主張基本上就是指你做出哪些事能獲得顧客重視，而這一點與競爭對手有所不同（即差異化），包含你和顧客的關係，還有帶給對方的信任與信心。費心擬訂並發展強力的價值主張，是企業成功的關鍵要素，這能和其他面向搭配，像是信用條件與促銷策略。

擔心銷售額不夠

這種心態源於急著獲得足夠銷售額來支付成本，還有對於需求的價格彈性和理性市場抱持的信念，認定低價能增加顧客答應條件、並掏出信用卡買單的機率，達成交易。

實際上，有助於公司成長的顧客情況正好相反，他們通常對低價的產品有所質疑，並且注重別出心裁的特色。另一方面，只要便宜就買、「處於最低階層」、缺乏品牌忠誠度、愛貨比三家的顧客，會阻礙公司成長。

切記，我們可以在任何市場或產品類別（product category）中，依照不同準則區隔顧客，包含成本敏感度。從企業的角度而言，願意支付高價的尊榮顧客明顯更能促進獲利，並且具有更高的吸引力；而另一端的顧客（對成本極為

敏感，缺乏對特定廠商的忠誠度），吸引力則有限。

那麼，所謂「需求的價格彈性」是指什麼？第4章會更詳細交代這個概念，不過大家都當過消費者，所以應該對這一點很熟悉。我們都知道商家會舉辦「特賣」或折扣活動來銷售庫存，也知道這麼做的目的，通常是為了改變先前很少引起興趣的產品或服務。

1930年代，在美國大型企業開發的管理理論經常應用需求的價格彈性概念，這個概念最適用於大眾市場，以及營業額高且顧客眾多的大公司。要注意的是，對早期創業階段或高成長企業而言，因為創新的創業者可以採用新方法和不同的行事作風，所以這個概念對實際上通常「不完全競爭」的市場來說影響不大，有別於傳統經濟學家理想化的「完全競爭市場」。

為了告誡高成長企業，在此簡短談談季節折扣（seasonal discount）和季節特賣。這些做法等同於懲罰支付全額的顧客，還鼓勵人們等到折扣時再購買，因此又降低公司成功的希望，無法支持新創公司和中小企業關注的永續經營。

所謂「理性市場」又是怎麼一回事？執行長之所以不得不向情勢低頭，並降價來提高競爭力，通常是在心中對可變動與不可變動事項、固定和結構性事項，以及有可能性的事項抱持著特定信念，上述幾點通常都是某種認知偏誤作祟的跡象。

這個潛在的危害螺旋經常深植於對理性世界的信念，大

眾和公司會運用完全資訊（perfect information），做出符合邏輯的決策、失誤及投入情感，但是這種世界根本就不存在。有充分證據顯示，實際上並沒有這種世界，這對某些創業者來說是好是壞不一定，因為不理性是很大的商機，接下來便會看到這一點。

先帶來銷售額，再處理獲利？

有時候大家會認為只要達成一些交易（即促成銷售），就能在損益表（Profit & Loss statement）進入底下幾項時，再處理獲利問題。這種情況的目標在於壓低成本，以取得可觀的利潤。這種觀點並不正確，一方面是因為它假設可以主動管理或變動成本（通常不然）；另一方面則是因為對專注業務開發的公司來說，控制成本的作為將被不斷擴展銷售管道的作為所取代。對大公司而言，軼事性證據（anecdotal evidence）顯示，管理者花費在壓低成本的時間比其他活動的時間來得多。

自我增強的負面循環與死亡螺旋

依照預算和低價行事的公司，很可能會欠缺銷售帶來的利潤。這表示沒有資源用於再投資，以加強企業表現。價值主張會受損，而公司給顧客的價值會降低，競爭力也會削弱。這將讓價格又減低，經過循環後，如果不做出改變，最

終會落入破產的境地。

捲入這種下降螺旋的情況，比你我想像得更容易發生。許多企業採取行動時，並不完全了解這些行動有自我增強的本質。在這個特定的情境中，決策會帶來更多決策並加以強化，讓公司踏上不歸路，卻沒有完全搞清楚這條路的結局。這種行為的極端例子有時又稱為死亡螺旋（death spiral），也就是企業對負面後果發生反應時，做出一連串決策，最終卻讓結果雪上加霜，捲入更嚴重的螺旋中，招致倒閉。

有一個簡單的例子是公司把價格壓到極低，因此沒有足夠利潤可以再投資到顧客支援服務，導致無法吸引新顧客或留住舊顧客，最後造成他們去其他地方購買。為了因應這一點，並吸引生意上門，公司再次降低價格，強化負面循環，最終導致無可避免的破產命運。

價格已設定一段時間而未主動重新審視

第三個不提高價格的常見原因，從某些方面來說，是前兩個原因的綜合結果。有時候價格被視為無關緊要而不須變動，在這些情況下，輕忽價格的重要性且疏於檢視，對組織成長都相當不利。

在某些情況裡，可能認為價格是由組織中的其他人負責審查和制訂，但這件事其實並不屬於任何人的職責。

也可能公司有重新審視價格，但是一年只做一次，或是

只有在新的產品週期開始時才進行，也就是三年到四年做一次，之後就不會針對價格或情境進行主動檢核與重新審視。

因此，公司常常會有一種價格是固定、必須一概接受的感覺，而未能將它視為創造價值的機會。

在這些情況裡少了聰明訂價，從最樂觀的方面來看，等於少了建立價值和提升組織定位的機會；而從最悲觀的方面來看，組織恐怕會賠上未來。

何謂認知偏誤？

我提到上述有幾個假設算是認知偏誤，但認知偏誤是什麼？簡而言之，這是一種會造成不當決策的信念或感受，可能來自於人人都會有的情感包袱，也可能是因為涉世未深、經驗不足，甚至可能是為了加速決策而深植於人類的演化歷程中。即使這些認知偏誤對我們做的事影響極大，卻經常沒有被人察覺和正視。

認知偏誤的幾個例子

確認偏誤（confirmation bias）是指人們選擇的親友、資訊來源和資料，反映出自己已經相信的想法。這表示他們所做的選擇，不過是強化原本就有的意見，而很少或完全沒有對這些立場做出具有邏輯實證的檢視。例如，政治圈中有一

個令人不安的趨勢是，大家越來越偏好選擇支持自己觀點的網路媒體，因而容易導致公開辯論減少、觀點更兩極化，並且在思想上越來越封閉，這種現象又稱為同溫層（echo chamber）。

定錨效應（anchoring effect）是一個重要的偏誤，經常用於企業協商，由其中一方出價以將接下來的互動「定好」錨點。之所以會如此命名，是因為物品一旦擺放在某處後，就很難移動或拖移，如同船錨一般；也就是說，首先出現的資訊重要性會被加倍放大。

例如，試想一個典型的議價情景：在不標價的市場裡買一條毯子。你詢問老闆怎麼賣，然後他給你一個數字，於是就以該數字為起點，也就是定錨。你們一來一往喊價，直到最後成交或是買賣破局為止。日常會有的定錨效應是百貨公司中消費品，或展示廳中二手車的價格標籤。另一個值得注意的例子是，在咖啡館裡會以價位來左右決策（將在第9章談論）。

可得性偏差（availability bias）是指一般人容易太過仰賴手邊可取得的資訊，而不會尋求一組有統計意義的資料。舉例來說，近期發生的飛機失事或搶劫案等相關媒體報導，會讓人判定這類事件的發生率遠高於實際數字。

上述這三種偏誤經常出現在企業的決策過程裡，尤其在涉及變更價格和訂定價格的情境時，本書稍後會再詳談認知

偏誤。

多數高成長企業會收取尊榮級價格

務必了解較高價格對於成功的效果，眾多證據表明，多數的高成長企業並未祭出低價，而是會收取尊榮級價格（premium price，又稱溢價）。本書談到這裡，想必你早已不會對這一點大感意外，因為我們已經說明價格對利潤而言很重要，而利潤能帶來現金流，繼而促進企業穩定，並得以透過對員工、產品及流程的再投資來帶動成長。

我們來看看幾家高成長公司的例子。

純真飲料

純真飲料（Innocent Drinks）的銷售額在2000年到2007年間成長27,900％。

1998年，三位劍橋大學（University of Cambridge）畢業生創辦純真飲料，一開始是販賣「果昔」（smoothie）類飲品，公司發展氣勢如虹。純真飲料的獨特銷售主張，也可以說是競爭優勢，在於販賣的果昔是由整顆水果現榨而成，有別於既有市場領導品牌使用濃縮果汁調製。

因為產品的需求量大，於是這家公司產生驚人的成長，參見圖2.1。

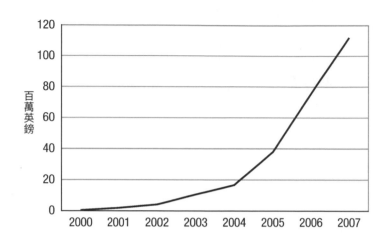

圖2.1　2000年到2007年間純真飲料銷售額[3]

　　純真飲料主打健康與永續性，與既有的果昔同業和果汁品牌相比，能夠收取更高的價格。

　　純真飲料躋身英國成長最迅速的食品公司，銷售額在短短四年間就從零成長到超過1,000萬英鎊。能獲得如此佳績，無疑得益於遠高同業和其他商家的價格，這帶來穩健的毛利率（gross profit margin），得以對企業再投資，因此促使企業獲得可觀的成長。

　　純真飲料的設計是每瓶250毫升，價格與最大競爭對手的330毫升包裝相同，這表示從每單位容量來看，尊榮級價格已經遠遠高於果昔同業32％。然而，和其他果汁品牌相比：

「每毫升果昔的價格，高達每毫升純品康納（Tropicana）柳橙汁的五倍。」[4]

其中一名創辦人如此說道：

「回過頭來看，價格傳遞出我們的產品有著不凡之處，因而促進公司成長。」[5]

顯而易見的是，尊榮級訂價模式不僅存在，還能促成相當大的成功。即使純真飲料之後被可口可樂（Coca-Cola）併購，所以較難做比較，但是這種以尊榮級價格為定位的情況，如今仍舊存在（參見圖2.2）。

無論是因為其他品牌對純真飲料成功的反應，或是有著其他考量，媒體確實報導該公司的價格更高：

「純真飲料過去因為收取高價而招致批評。」[6]

值得注意的是，顯然顧客感受到純真飲料主張的巨大價值，也不因為價格而卻步，從驚人的銷售額成長即可看出。

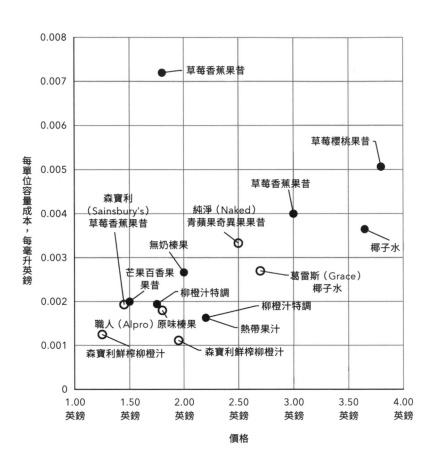

圖2.2　純真飲料與競爭品牌相比

注：純真飲料產品以實心圓示意。位置更高或更偏右邊的產品，反映出尊榮級訂價。

蘋果

　　蘋果的銷售額在2000年到2019年間成長3,159%（參見圖2.3）。該公司因為品牌、設計及名聲而能對產品收取尊榮級價格，並吸引顧客繼續使用該品牌各式各樣的產品。

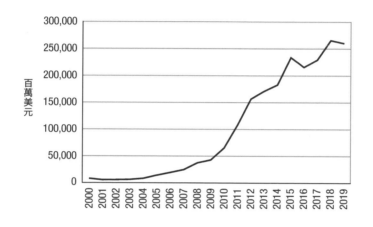

圖2.3　2000年到2019年間蘋果銷售額

　　雖然不容易直接進行比較，但是該公司的訂價理念顯示，簡單款式的蘋果手機充電器，售價就達到Android手機品牌類似產品的400%。同樣地，在2015年間，據聞Android智慧型手機的平均價格，幾乎比蘋果iPhone低三倍[7]。

　　蘋果善於說服顧客，自家產品值得多付錢購買，因此根據統計，該公司的銀行現金存款高達2,500億美元，而且是美國第一家市值超過2兆美元的上市公司，全都要拜高價帶

來的利潤率所賜。

亞馬遜

亞馬遜（Amazon）是另一家在過去二十年取得驚人成長的公司，以企業對企業（Business-to-Business, B2B）模式，透過網路販售產品，還有亞馬遜雲端運算服務（Amazon Web Services, AWS），也是數一數二的B2B網站託管供應商。亞馬遜的銷售額在1995年到2019年間大幅成長28,049,900%，期間年均成長率為69%（參見圖2.4）。

亞馬遜五花八門的商品會根據市場價格浮動。普遍來說，分析結果顯示，儘管是以折扣書商起家，但是該公司的商品價格仍高於大型同業品牌10%到15%[8]。這種尊榮級價格促進獲利，而能進行再投資，得以強化該公司由合理價格、優質產品及服務而來的價值主張。不時會有顧客表示，選擇該公司是因為效率和便利性，而不是因為找不到更廉價的替代選項。

臉書（Meta）

臉書（Facebook，近期改名為Meta）的銷售額在2009年到2018年間成長7,000%以上，年均成長率為61%。該公司基本上屬於B2B企業，因為顧客是廣告商（而非投放廣告鎖定的消費者，也就是一般使用者）。臉書利用市場定位和資

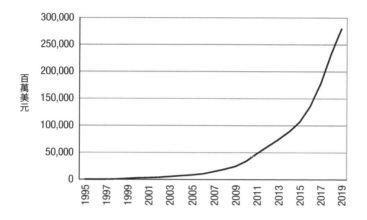

圖2.4　1995年到2019年間亞馬遜銷售額

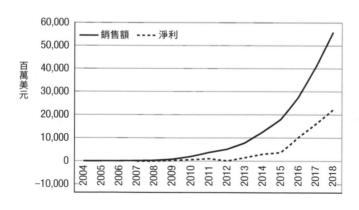

圖2.5　2004年到2008年間臉書銷售額和淨利

料，索取尊榮級廣告價格。

即便難以直接比較廣告價格，但該公司尊榮級訂價模式的一項強力證據，就是彙報的利潤率。臉書在過去三年的淨利率（net profit margin）有高度且持續的成長，分別為37％、39％和40％，如圖2.5所示。鮮少有企業能坐擁如此高的利潤率表現，尤其是對這麼大規模的公司而言，這便是以尊榮級訂價模式支持成長的佐證。

特易購

執筆之際，特易購（Tesco）是英國超市品牌龍頭，以總收益（gross revenue）而言為全球季軍，銷售額在1998年到2019年間成長288％（參見圖2.6）[9]。

The Grocer近期進行一份調查，結果顯示該公司收取的費用平均高於其他競爭品牌13％[10]。以這個產業而言，主打低價產品是重要的致勝關鍵，但是有數百萬名顧客仍接受高價，選擇特易購。可見購買者不是著眼於低成本，而是認為特易購有其他方面的價值。

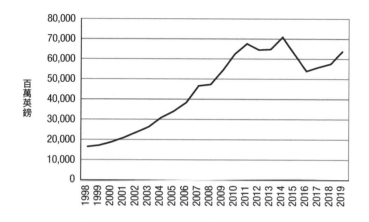

圖2.6　1998年到2019年間特易購銷售額

吃緊的預算

當然，也有售價偏低卻取得成功的例子。不過，這些情況幾乎全靠基礎性或甚至結構性成本優勢，才能獲取高利潤率。

最佳例子是，與現有的解決方案相比，新科技興起具有基礎優勢。例如，噴射引擎與活塞引擎相比，每位乘客的每英里成本低上許多，使空運成為長途旅行的選項；還有廉價燃油取代在建築物中保暖用的昂貴油品、電燈取代煤氣燈，以及福特（Ford）T型車（Model T）取代馬匹等等。

當這些基礎優勢不存在時，創業者往往會利用低價策略來贏得生意（因而陷入捉襟見肘的窘境）。許多人認定或盼

望苦難只是一時的，因此願意「忍一忍」，他們做生意的主張是擦邊獲利。換一個思考角度，這些公司沒有持續性競爭優勢（sustainable competitive advantage）或是強而有力的價值主張。

這些公司難以擴大規模和成長。主打成本優勢（cost advantage）的創業者，都表示為了競爭願意少賺一點，並且比其他同業更精實。這聽起來似乎是一個合理手段，但如同後續章節中會看到的，要有良好獲利，才能再投資於產品開發、技術、服務及員工福利，因此主打成本優勢似乎並不是個好做法。

我們會在第3章好好探討一個值得深思的問題：你想選擇銷售額1億英鎊，獲利100萬英鎊的公司；還是要選擇銷售額1,000萬英鎊，獲利100萬英鎊的公司？前者的利潤率為1%，後者則為10%。10%利潤率的公司很可能較不精實，但財務上可以寬裕運用，並且會隨著銷售攀升，更迅速提高利潤。

如何判斷自己訂價過低？

你可以詢問自己下述問題，看看自己是否訂價過低，沒有得到最大的應得利益：

- 你是否認為企業有足夠的現金來因應成長需求？
- 你獲得的利潤是否高於競爭對手，尤其是在毛利率方面？（分析方法參見第12章。）
- 你是否誠實比較自己公司和其他競爭對手的產品特色、優勢及價格？
- 達成銷售的過程中，你是否對自己設定價格的嚴謹度感到放心？
- 你是否有能力招募足夠的優質員工，進行預期的業務流程？
- 與業界的競爭對手相比，你能否更大方地進行投資和提供員工福利？
- 你在資訊科技和基礎結構方面是否總是與時俱進，並且有充足資源？
- 你是否時常重新審視價格，包括上個月？
- 你是否明白顧客對你價值主張的感受，以及你和競爭對手的差異？
- 你是否知道顧客認為你的價格在同類商品中是高是低？

如果上述有許多問題的答案是否定的，你很可能就是訂價過低。

透過單次使用經濟檢核商業模式

要分析獲利能力，並了解價格是否過低，另一個實用方法是檢視單次使用經濟（single use economics）。

單次使用經濟的一種型態是，對單一消費者而言，你獲得的金錢與提供產品或服務時付出的成本相比為何？如果提供服務的成本高於獲取的收入（部分會受到價格影響），就是賠本生意，因此最終會失敗。

這種分析有別於許多公司（常見於創新企業），以五年預測進行獲利分析的做法。

這種預測在呈現銷售額、成本和預測利潤時，並未徹底了解背後涉及的經濟原理，因為在帳面上結算現金的時間點不一致。換句話說，如果記錄了一段期間的銷售額，但是直到下一期才計入（或支付）直接與銷售相關的成本，第一期的獲利會比實際上來得膨脹，產生較高的錯覺，但實際成本可能比銷售額還高，因此可能其實就是在做賠本生意，但是錯開時間點的損益預測看起來卻有盈餘。

現在有許多企業就是這樣的經濟運作方式，只有在損益表現成長的情況下才能成功，一旦企業狀況吃緊或是經濟不景氣，通常很快就倒閉。

因此，五年預測會造成誤導，因為企業在沒有盈餘時，卻會顯示為正值。單次使用經濟能夠防止這個錯誤，這種分

析考量的不只是當前的情況，還有隨著解決方案或規模經濟開始發揮作用的某個未來時間點的情況。

截至目前為止，我們探討了訂價過低的風險，以及幾個企業不該訂價過低的原因。接下來要檢視幾個訂價理論，再繼續談論價格對成功的重要性。

本章摘要

- 訂價過低危害企業：這是大大小小公司慘澹收場或停滯不前的主因。
- 公司經常不願意重新審視訂價。了解交易中牽涉的關鍵利益，有助於對此改觀。
- 證據顯示，成功與高成長企業會收取尊榮級價格。
- 尊榮級價格能為營運帶來再投資，建立永續的市場定位。
- 企業因為對價值主張信心不足、擔憂失去銷售機會或無法支付經常性費用，而壓低價格。
- 因為認知偏誤帶來的影響，會讓公司難以做出決策來擴大規模、再投資和成長。

訂價過低	認知偏誤	利益
如果你懷疑自己訂價過低，覺得自己為什麼會有這種傾向？ 例如：信心不足、擔憂銷售額不夠、價格無法變動	你遭遇哪些認知偏誤？ 例如：確認偏誤、定錨效應、可得性偏差	你的買家考量誰的利益？ 這些利益為何？

本章練習

代表誰的利益？

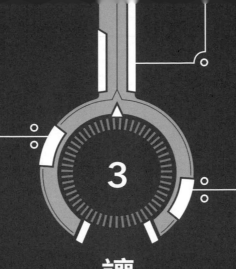

3

讓售價與價值之間彼此帶動

　　價格經常被視為應該「設法降低」，以在提供可接受價值給顧客的前提下，保有在市場上的競爭力。如此一來，常常會導致新創公司負責人和大企業經理人產生罪惡感。

　　這種罪惡感不該出現，這是因為認知偏誤而產生。價格不該變成厭惡自己的理由，而是一種能製造高報酬率、加強企業服務，並提升顧客價值的機會。

　　價格和價值之間的關係遭受最多誤解，顯而易見的是，更多的顧客價值應該帶來更高的價格，但實際上價格本身就是驅動價值的力量，不過這一點常常受到輕忽。接下來會看見實際情況不如大家所想，其實顧客很樂意多付一點錢，甚至希望可以多付。把這一點納入考量，企業就能獲得原本沒有察覺到的機會，並且消除某些管理偏誤。

　　所以，為什麼企業要維持低價？再次複習：通常是因為對價值主張信心不足，或是擔憂銷售額和生產量無法用來支付經常性費用與固定成本，又或是沒有經常重新審視。

　　第一個理由表示公司懷疑自身產品或服務；第二個理由是基於需求的價格彈性，也就是低價能增加銷售量，還有讓顧客點頭答應的機會。這兩個想法都很有問題，之後會再好好探討這種有所缺失的推斷邏輯（也包含不夠頻繁審視價格的問題）。

　　辨識出這幾個事實後，就能大力朝向聰明訂價前進，並且促進未來成長。檢視近年來的成功事例，新創公司、高成

長企業實體、網路「獨角獸企業」，與同業相比，幾乎全都採用尊榮級價格模式，極少採取低價領導策略。事實上，較高價格更有可能讓公司年復一年成長，而不需要仰賴大量的外部投資。

大公司一樣會犯下相同錯誤

不只小公司會犯訂價過低的錯誤，這個問題也出現在大型成熟企業中，尤其是市場上價格資料透明的情況（也就是容易取得競爭對手的資料來互相比較），這可能會鼓勵削價競爭。

過去幾年來，有幾家高知名度的企業倒閉，其中之一便是湯瑪士庫克（Thomas Cook）旅行社。該公司在2019年停止營運，影響了21,000名員工和60萬名旅客。最後一年，公司損失金額更高達稅後1億6,300萬英鎊。

假設從利潤能看出企業能否成功和持續經營，不免令人好奇，提高多少價格能讓湯瑪士庫克在最後一年達到損益平衡？答案是，平均交易價值（即價格）只要增加1.7%就能辦到[1]。

因為1.7%相對來說算是小數目，所以能合理懷疑，董事會成員和高階經理人難道不會想辦法做這麼一點小調整嗎？我認為恐怕無法。事實上，大企業和董事會不夠頻繁檢視價格的影響力，將之視為分派出去的任務。很少有人會把價格

當作能促成進步的利器，並且主動管理、檢視及控制。董事通常會將這項職責交付給中階管理者，不過憑它的影響力和潛力，應該讓其成為首要任務。

再以英國零售商 British Home Stores（BHS）為例，BHS進入破產接管狀態，無法繼續營運，讓11,000人工作不保，並且積欠退休金高達5億7,100萬英鎊。2013年度帳目顯示，毛利損失88萬7,000英鎊。在這種情況下，要增加多少價格才能達成損益平衡？

答案是平均交易價值（即價格）只要提高0.13％，就能讓BHS的的毛利達到損益平衡[2]。隔年（即最後一年），正常交易又每況愈下，但是即使在當時，也只要漲價0.84％就夠了。

當然，大公司及其會計原則相當複雜，我是指並非所有慘烈結果都是價格導致。治理和權責發生制（accrual accounting）原則讓結報時能夠進行判斷，影響登載的利潤，欠缺創新、價值主張不當、債務利息高，以及現金周轉問題，都是可能造成影響的原因。

然而，問題仍然存在：這些公司的董事是否察覺價格對企業的影響，並且花費足夠的時間關注？另外，他們是否積極運用對訂價的最新認知，確保企業的成功和存續？

移轉訂價

　　相較之下，大公司明顯積極投入的訂價領域，並且往往帶來惡名的，就是移轉訂價（transfer pricing）。移轉訂價是跨國公司能決定在哪個司法管轄區繳稅，因為稅金高低會視適用法律而定。

　　這個流程背後的原理在於，跨國公司可以透過不同國家的姐妹公司移轉產品，並設定每家公司向其他公司收取的價格（即「移轉價格」）。如此一來，在各個國家中每家公司呈報的利潤率就會受到內部移轉價格影響，而公司即可根據某些稅務上的目的加以設定。

　　因此不難理解許多人會對移轉訂價抱持負面觀感，包含主流媒體也是如此認為。

對銷售量的追求

　　許多高成長企業的創業者、經理人和負責人注重銷售量，因為可以增加整體收益。基本上，他們認為擴大銷售基數可以幫助公司成長。

　　然而，這種邏輯不是往往有所誤解，就是未能切中要點。和銷售量相比，獲利能力與現金流才更有可能推動公司的存續、健全表現及估值（valuation），這就是我時常會詢問

47

企業高層以下問題的原因：

> 你比較想要擁有哪一家公司？
>
> 1.銷售額1億英鎊，獲利100萬英鎊的公司
>
> 或是
>
> 2.銷售額1,000萬英鎊，獲利100萬英鎊的公司

詢問自己想擁有哪一家公司，或是你想要管理哪一家公司，這是一個很棒的問題，能透析創業者和經理人的「核心思想」。我們再次比較兩者：

公司	A	B
銷售額	1億英鎊	1,000萬英鎊
利潤	100萬英鎊	100萬英鎊
利潤率	1%	10%
	選這家？	選這家？

兩家公司的利潤相同，A公司的銷售額為B公司的10倍。在其他條件相同的情況下，A公司的員工編制、基礎建設、實體資產等方面，無疑會大上許多，但複雜度也會高上不少，因此同時提高風險。相較之下，B公司可能較小，複雜度和風險也較低。

　　可以從另一個角度來思考風險問題，也就是考量利潤率。我認為A公司的1％利潤率，比起B公司的10％利潤率，更容易受到經濟衝擊或競爭壓力左右。

　　即使如此，情況也不是這麼單純。有些創業者可能希望有更多的銷售人員，就會傾向選擇A公司；同樣地，有些經理人可能希望掌控有分量的商業帝國，或是有高額的銷售「營收」，因此會更傾向選擇A公司。這本身沒有對錯，要看個別經理人比較認同和重視的層面。

　　我在2020年合作的一家高成長企業如此評論：

　　　　「……『你想選擇銷售額1億英鎊，獲利100萬英鎊的企業，還是要選銷售額1,000萬英鎊，獲利100萬英鎊的企業？』你的這個提問，對我們採用的方法產生深遠影響，並且改變我們企業的重心。與其追求收益成長，我們的目標鎖定在公司與努力付出團隊的實得利潤……」

　　這番話很有意思，我接觸過淨利率分別為1％和10％的公司，可以篤定地說後者的狀況明顯較好！該公司的員工更覺得滿意且更健康，不僅提供較好的福利，像是員工旅遊與員工培訓，環境氣氛較輕鬆、注重進步，也更有創意和成就感，員工的薪資較高，生產力也較高。

我經常對公司執行長和創辦人有多關心員工留下深刻印象，許多人把員工當作大家庭的一分子。較高訂價可以支持這種氣氛，並且打造更好的工作環境。

同樣要多注意的是，交易活躍公司的估值通常是以稅後淨利（profit after tax）的數字來計算（有時也會看現金流），很少會採用銷售營收。利潤是為了公司要能支付開銷，這一點也是永續經營的關鍵。

當然，從多個方面來看，過度注重銷售營收數字再自然不過了，而且不難理解。銷售額相對容易衡量，但利潤要評估與分配成本，因此比較難計算。銷售數字或多或少可直接從交易紀錄或是銀行帳單取得，但是利潤數字通常會延遲，延遲時間甚至高達數個月，因此不得不留意。許多大公司更糟糕的是，近乎執迷於市場占有率的增加或減少，卻讓公司更難以提高利潤和顧客價值。

話說回來，公司需要利潤才得以生存、產生現金流、再投資及成長。即使銷售額再高，沒有利潤也是白搭，因為這樣遲早會面臨苦果而關門大吉，正如在接下來幾章會看見的。

本章摘要

- 大家往往認為要盡可能降低價格,才能取得足夠的競爭力。
- 定時重新審視訂價。
- 對眾多倒閉的知名企業來說,只要小幅提升平均交易價值,就可以在利潤上損益平衡。
- 訂價過低在不同大小的企業中都是代價高昂的錯誤。
- 「要選擇哪一家公司」的問題,能有效診斷企業領導者注重的優先順序。

考量要點

核心思想
你比較想要擁有哪一家公司?
1. 銷售額1億英鎊,獲利100萬英鎊的公司,為什麼? 或是
2. 銷售額1,000萬英鎊,獲利100萬英鎊的公司,為什麼?

潛力
你認為自己接觸的公司(或品牌)中,哪些具備成長潛力?價格在其中帶來何種影響?

為什麼他的商品可以翻倍賣？

4

檢
視
你
的
價
格
定
位
與
策
略

　　價格是經典「4P」行銷理論的其中一項[1]。然而，訂價一點也不簡單，同時要顧及營運和策略。如果想要正確訂價，就得了解內部公司環境，還有極度複雜的外部環境，其中涉及競爭對手、顧客對於價值的認知，以及採購的決策過程。

　　因此，值得好好檢視傳統的基本訂價理論，以了解某些有關訂價的成見是從何而來。如同前述，這種個體經濟學理論是在多年前針對大公司及當時所謂的「大型企業集團」發展出來，用以多加了解市場和它們面對的挑戰，而這些挑戰與當今高成長企業面臨的挑戰相差甚鉅[2]。

價格彈性

　　需求的價格彈性是經濟理論的原則之一，表示隨著產品的價格改變，需求也會跟著變化。根據供需法則，如果價格降低，需求就會提高，反之亦然[3]。

　　換句話說，較低價格會鼓勵更多人購買商品，較高價格則會讓人卻步，這一點符合真實情況的程度，取決於曲線的角度，通常會視特定市場的特徵而定。你可以在各張圖中看見，從「高彈性」到「低彈性」不同角度的例子。

價格彈性高

　　如圖4.1所示，需求價格彈性高的市場中，如果價格（以a表示）改變，需求（即銷售量，以b表示）也會產生較大的變化，這表示市場對於價格變動極為敏感。

價格彈性低

　　價格彈性低的市場中，價格（以a表示）產生同樣變化時，這一次的需求（以b表示）變化小了許多。在圖4.2中可見到，與圖4.1相比的斜率有所差別。

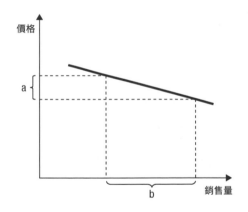

圖4.1　高價格彈性曲線：價格變動帶來較大的需求變化

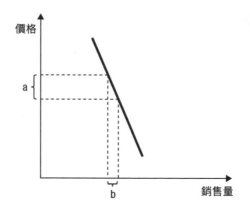

圖4.2　低價格彈性曲線：價格變動帶來較小的需求變化

完全無彈性需求

在這個例子裡，市場需求對價格的敏感度為零（即無彈性），表示需求不會因為價格而變動。價格可能上漲或下跌，但是需求不變（參見圖4.3）。這聽起來像是一個極端例子，但是如果產品具備高度差異化，不能視為「替代品」（substitute），還有需求因為其他原因而固定，就確實會有這種情況。

一個常見的例子是，向在沙漠中快要渴死的人販賣瓶裝水。為了不要渴死，這個人只要付得出來，無論多少錢都願意給，所以價格高低不會造成影響。

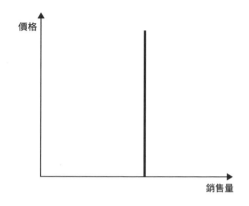

圖4.3　零價格彈性（無彈性）曲線：需求不因價格變動

理性市場競爭者的假設

　　然而，價格彈性這種概念通常假設市場是理性的，也就是會做出理性（符合經濟邏輯）的決策，以市場上可取得的資訊來做出有效率的決策。但是，我認為這些假設往往不適用我們聚焦的高成長企業（通常它們會尋求新機會，或是用新創業觀點製造機會）。

　　話說回來，前述所說的多個經濟理論，來自1930年代「大企業」的管理理論，當初是用於解釋巨大商品市場裡的行為，例如穀物與鋼鐵的生產。當今高成長企業的產品和服務很難「同等類比」，因為它們創新程度高或差異化明顯，

所以不容易比較，光是這一點就讓價格彈性的概念難以適用。更糟的是，這個概念會強化對公司對產品訂價的錯誤論斷。

這種想法是高成長企業有時候會犯下的錯誤，以為壓低價格更能帶來生意和達成銷售。更重要的是，如此一來便忽略以下的提問：「公司想要哪一種顧客？」是那些在意成本高低的顧客，還是想要好東西而願意支付更多金錢的顧客？

產品生命週期和訂價

生活周遭隨處可見到產品生命週期（product life cycle），這也是古典行銷理論的部分內容。一般而言，一旦新產品或產品類別製造出來後，就會經歷生命週期的各個階段，總共分為四個階段：先是導入期（introduction），然後經過成長期（growth），接著是成熟期（maturity），最後進入衰退期（decline），參見圖4.4。

在導入期，新的產品推出。起初的銷售情況低落，不過也從此開始成長。因為銷售額仍低，所以利潤會是負值——銷售額不敷開銷所需。對創新者而言，這段生命週期最為重要，因為這時候顧客必須符合價值主張。早期採用者（early adopter）通常是關鍵，因為他們較願意嘗鮮，如果他們反應熱絡，能夠開拓「灘頭」，就可以迎接後續規模大上許多的市場。

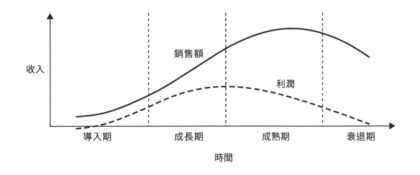

圖4.4　產品生命週期

在成長期，銷售表現走強，並在過程中某一刻，產品開始獲利，並且隨著銷售成長，大量獲利。

到了成熟期，利潤開始持平，然後衰退。這通常是因為有其他競爭對手進入，於是造成訂價壓力，或是為了符合市場需求而增加開銷的壓力（例如促銷成本提高），銷售表現也會開始持平。這表示產品可能已經進入其生命週期的後期階段，成長遲滯、歸零或出現一點負值，這是因為市場潛力已經到了極限。

在最終的衰退期，銷售額下滑，利潤也降低回到損益平衡，甚至會開始賠本。產品類別明顯衰退，可能因為出現新的類似產品類別，最終取代原有產品。實際上，你可以想像隨著新產品和改良版產品上市，多個產品生命週期會帶來新的產品生命週期。

從價格的觀點來看，新產品的進入策略分為兩種：吸脂訂價法（skim pricing）或滲透訂價法（penetration pricing）。吸脂訂價法是訂定高價，針對部分對象獲取少量但較高利潤的銷售，例如早期採用者；相反地，滲透訂價法的目的則是用較低價格，獲取更大的潛在市場（市場滲透率較高）。

吸脂訂價法適用於產品差異化程度高（差異大）、市場需求高、價格對市場的影響較小、產品難以複製，以及需要快速取得投資報酬的情況；滲透訂價法則適合上述各種相反的情況。通常許多產品類別剛推出時價格高（吸脂訂價法），但是後來降價（滲透訂價法），因而產品變得隨處可見，消費性電子產品就是一個好例子。

價格與績效

購入產品或服務時，基本概念就是一分錢，一分貨。換句話說，如果想要有更好的品質或是更出色的產品或服務，就必須多付一些錢。例如，勞斯萊斯（Rolls Royce）汽車比福特汽車昂貴、協和號超音速客機比賽斯納（Cessna）飛機來得貴，諸如此類。一方面是因為大家認為，品質較好的產品必須付出更多的製造成本，所以收費也會跟著提高。此外，績效更好的產品會帶來較高的價值，因此多付一些錢也是天經地義。這些是大家心中通常會有的假設。

　　那麼隨著價格增加，績效也會跟著提升，如果你想要更好的績效，就要多付一些錢，這個基本關係如圖4.5所示。

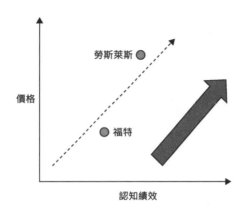

價格

勞斯萊斯 ●

● 福特

認知績效

圖4.5　價格與績效成正比

　　然而，要是績效提升需要付出的成本其實沒有差別呢？譬如，在長途航班中，把一位乘客從經濟艙升等到無人乘坐的商務艙座位，會多出什麼成本？實際上，成本是零或接近零，因為這不會改變燃料成本、人員開銷，而且機上餐點都已經準備好了，即使沒吃也要丟棄。

　　再舉一個例子，在現有的服務方案中，增加高級衛星或是串流影片頻道呢？供應商要增加的成本幾乎為零，除了請客服中心按個按鈕的小小人力費用外，讓人接收訊號並不需要增加原本的營運成本。

　　同理，設計師品牌的服飾和中階服飾的成本又有什麼差

別？如果去除品牌標籤，衣服的剪裁通常沒有兩樣，也是由相同工廠裡同一群人，使用同一批機器、使用同樣布料製作出來的。除非布料或設計有特殊之處，否則衣服的成本基本上完全相同。

　　一旦你開始提出這些問題，很快就會注意到許多例子裡的價格變高，但供應的成本並不會按比例增加。繼續閱讀本章時，請把這一點牢記在心。

多價位策略

　　還要考慮的一個重點在於，許多產品類別會因應產品績效，分成好幾個價位，績效越好的產品，價格也就越高。

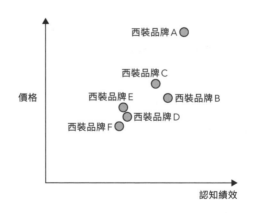

圖4.6　產品績效與價格之間的基本關係

　　圖4.6中顯示這個基本關係，各家競爭服飾品牌以不同價位販售各式各樣的男性西裝。你可以看出假設績效越高或越高級的品牌就會越貴，因為表示品質通常較好，而非高級的低品質服飾價位則較低。

　　從中可以看出預期價位分布以接近線性方式上升，在這個例子裡，曲線角度大約是45度，不過各個產品的角度差異可能很大。

　　直覺再次告訴我們，這種普通的分布情況一定是對的。根據身為消費者的經驗，我們習慣在負擔得起和負擔不起的產品之間，權衡多花的錢是否值得。相信人是理性決策者時，我們自認會尋求「對得起金額的價值」。我們會尋找「甜蜜點」，也就是選擇符合需求的理想選項。除了這種情況以外，另一種情況則是，我們會在可接受的價格區間內，購買「感覺對」和「感覺舒服」的東西。越有錢的人，消費水準就會越高。

產品只有包裝和品牌的差別

　　不過，你會不會很訝異，其實圖4.6中的產品通常是一樣的，它們實質上完全相同？

　　這相當普遍，在許多產品類別中，競爭產品可以依照不同價格繪製成散布圖，但是其實在作用、成分（或製程）上卻

完全相同。在這些例子裡，唯一有差別的是包裝和品牌。

好例子包含各式各樣的化妝品、止痛藥及洗衣精，不勝枚舉。在各個類別中，這些競爭產品之間唯一有功能差異的是，透過包裝、實體設計和品牌打造出來的實際呈現方式。此外，有時候販售手法也會不同。看看這些產品的有效成分，其實功能完全相同，常常都是相同工廠的相同人員製造的。

如圖4.7所示，即使許多產品看似有不同的績效而價位不一，但其實都是一樣的東西。

認知績效（perceived performance）可能很主觀，這就是癥結所在。在實驗室分析都難以辨別差異的情況下，情緒性內容（emotional content）這類見仁見智的因素就會發揮作用，這有很大一部分是受到品牌訊息傳遞和包裝主導。

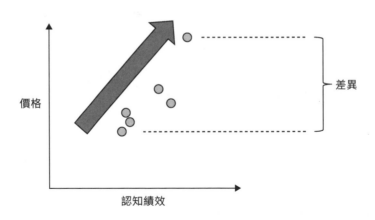

圖4.7　儘管價格有所不同，但這些產品是否基本上完全相同？

水——究極的消費品

更好的例子是水，瓶裝水被稱為究極的消費品（consumer good）是其來有自的。

觀察一瓶要價1英鎊的水，和大小差不多但一瓶要價4英鎊的水，兩者之間有什麼不同？兩者的有效成分為何？既然是水，就是 H_2O 分子，是一個氧原子連結到兩個氫原子。水分子在所有例了裡都是完全相同的，就是H_2O。你可以比較不同品牌的一般礦泉水，會發現價差高達600％以上（參見圖4.8）。

話說回來，這些競爭產品的實質差異，在於透過配合品牌包裝的實體呈現方式。H_2O 水分子完全相同，對消費者來說，補水功能也完全相同。

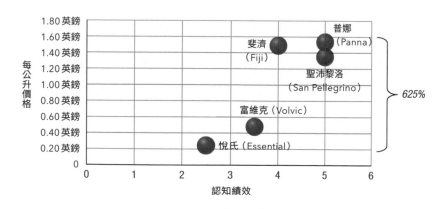

圖4.8　水的價格與績效

　　這個簡單的事實也適用於眾多奢侈品（luxury good），它們往往是由相同工廠裡同一群人，用同一批材料製造的。這要回到高級「設計師」品牌服飾的好例子：下一次看見高級服飾時，詢問自己，它和其他普通衣服的差別何在？經由廣告傳遞的訊息，通常會讓大眾認為這些衣服的材質較好、製作方式更講究，但是證據呢？實際情況是，除了設計師標籤以外，它們全都一模一樣。

　　如前述所提，認知績效（圖4.8中的橫軸）除非可以實際衡量，否則相當主觀，所以在接下來的圖表裡，我沒有試著估算，而是用了稍微不同的圖表，希望你還是能掌握這個概念[4]。

洗衣粉

　　洗衣粉製造商花費很多時間和金錢打廣告，讓你相信它和其他洗衣粉相當不同，而且效果大幅加強。然而，快速查看所列成分，會發現它們廣義而言極為相似。一個簡單的理智驗證（sanity check）或思想實驗（thought experiment）是，詢問自己：過去二十年來，廣告所說的某品牌「全新加強版」若是真的，為什麼經過各式各樣的大幅躍進後，洗衣產品還是和過去差不多？

　　圖4.9中顯示，每個圓點都是來自同一家零售商提供的洗衣粉，橫軸為超市貨架上的不同價位，而縱軸為每單位重量的價格（每公斤多少英鎊）。你可看到所有價位都有不同的每公斤價格。因此，消費者基本上為差不多的東西支付的金額差異很大，價格範圍高達575％。

　　同樣地，許多製造商公布每次清洗成本的數字，讓我們更容易進行比較。請留意，這些洗衣粉的功效相同，但每次清洗的價格範圍從0.15到0.44英鎊不等，比率高達290％。

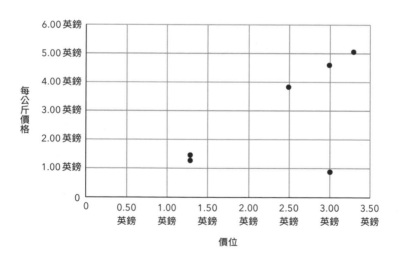

圖4.9　洗衣粉的每公斤價格和不同價位──單位價格範圍超過500％

鹽

　　鹽是另一個好例子，東西簡單基本，但是販售價格差異大。鹽的有效成分為氯化鈉，化學式為 $NaCl$。同樣地，你可以看到價格的差異（參見圖4.10）。每個圓點都是同一家零售商販賣的食用鹽，橫軸上為店面貨架上顯示的不同價位。然而，縱軸的每公斤價格差異相當大——消費者為本質上相同的物品，付出的價格範圍高達2,000%。

洋芋片

　　很多人愛吃洋芋片（又稱為「馬鈴薯片」）。在此做了一點變化，圖4.11有點不一樣：橫軸是包裝大小，重量以公克表示，有超過上百種洋芋片商品；縱軸則是該產品每單位重

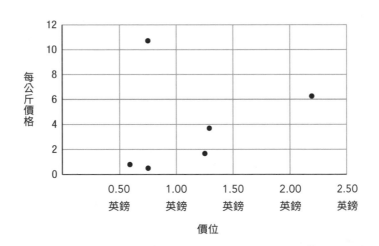

　　圖4.10　鹽的每公斤價格和不同價位——價格範圍達2,000%

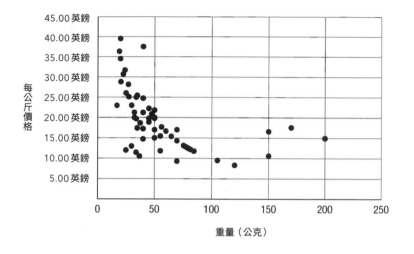

圖4.11　洋芋片不同包裝大小的每公斤價格

量的價格。你可以說這個產品類別的各競爭商品差異較大，是因為洋芋片有不同的口味，不過還是可以看得出來，洋芋片的每單位價差直逼400％。

乙醯胺酚止痛藥

　　圖4.12是每500毫克乙醯胺酚（paracetammol）藥錠的散布圖。在各個例子中，產品都是依照同一套消費用醫療標準製造的500毫克乙醯胺酚，因此只有包裝、藥錠形狀或顏色以及廠牌有異，但是內容完全相同。這些藥錠甚至在同一家店面比鄰販售，不過價格較高的明顯賣得更好，當然也因為這些藥錠售價高，所以能負擔得起更高的廣告費。

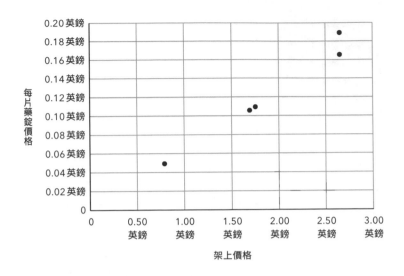

圖4.12　每片藥錠的價格相當不同，顯示同樣效用的販售價差極大

　　圖4.12的橫軸為每盒藥錠的價位，而縱軸是每片500毫克藥錠的價格。在這個例子中，同樣500毫克乙醯胺酚的價差接近400%。

產品只有包裝和廠牌的差別，而產品本身是相同的

　　如上述所示的這個事實，應該不令人感到意外。我們從出生開始，就受到廣告和公司的訊息傳遞感召，因此毫不懷疑就接受它們的品牌價值與情感價值。

　　這些例子彰顯產品（或服務）品牌包裝和呈現方式的影響力與重要性。說到底，重點在於差異化和理解哪些事物能

為顧客帶來價值。

這不免點出一個提問：如何提升包裝和品牌，同時為顧客增加價值？你可以想成這是一個「價值階梯」（value ladder）──你要怎麼做才能讓認知價值（perceived value）在「價值階梯」上往高處攀升，並且獲取更多有利可圖的顧客？本書後續將會討論更多這類正向改變。

這類提問和分析鼓勵良好的顧客中心思維，因為要回答這些問題時，你必須從顧客的角度設想。這個練習很有用處，能培養對顧客的同理心，並解析如何改善顧客的生活，還有讓你同時採取適當訂價。

行為經濟學之父丹尼爾・康納曼（Daniel Kahneman）在開創性著作《快思慢想》（*Thinking, Fast and Slow*）裡，解釋一大半人腦中用以決策的機制，還有決策如何進行，本書後續也會再提到這個主題。

截至目前為止，我們看到相同產品如何在產品類別中有不同的價位，現在來看看更多訂價的策略要素。

練習題

製作你的訂價散布圖

　　為自己的產品或服務製作散布圖是很好的練習，因為能讓你從最高階層檢視自己的產品在價格與績效上的定位。

　　這個練習觸發你思考競爭（或互補）產品之間的相對優勢，以及彼此之間的綜合考量關係。了解顧客對產品定位的認知，通常也能大有斬獲，因為你認定的績效高低可能和顧客相當不同。

練習步驟

1. 列出你的競爭品牌，並蒐集它們價位的情報。

2. 思考看看競爭品牌的認知績效，以及彼此之間的相對優勢。

3. 從以下兩張圖表選擇填答（如果產品或服務販售的單位數量不同，可以填答第二張），或是兩張都填。

   (1) 價格與認知績效

   　　描繪出你和競爭對手產品的所屬位置。縱軸為市場上販售的不同價位，因為橫軸是相對的績效高低，所以如果越值錢，位置就會越偏右。

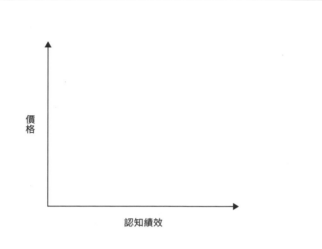

價格

認知績效

(2) 每單位價格和認知績效

如果你的產品或服務是以不同單位數量來販售（包含以小時計費），可以填答第二張圖表。同樣地，位置越偏右就表示越值錢。

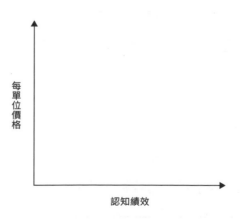

每單位價格

認知績效

4. 接下來看看這些不同價位。它們是否符合以價位反映品質高低的市場慣例？有沒有注意到令人驚訝和特殊的情況？

5. 如果某些公司採用多價位販售，例如同一產品有數種版本，想想看它們之間相對的定位。它們是否集中在某幾種特定價位？這是否表示有機會攻占不同價位，而在縱軸往上下方移動，或是在橫軸往左右移動，以及這在市場上會帶給顧客怎樣的認知？

6. 你的產品是否有些定位不合邏輯？是否可以朝向更好的新定位移動？

7. 最後，認知價值的高低是由哪些因素造成？有沒有辦法影響或改變這些因素，促進企業獲益？

這是一個強大的練習，如同上述所示，有好幾種用法。我常被問到資料要如何蒐集：競爭品牌的價位資訊你可能已經獲知，或是可以透過調查取得，像是在網站上搜尋價目表，或是進行神祕客調查（mystery shopping），派遣調查人員假裝是顧客，並向競爭者進行採購，蒐集各式各樣的情報。要估計認知績效時，可以比較產品特色和優勢，不過做一些調查也很有效，可以發現顧客對各種產品的不同看法。

讓你的產品「感覺」不一樣

我們之前看見公司用不同價位，販售基本上相同的產品。它們也會依照不同用途，用不同價位販賣相同的產品。例如，販售洗顏皂的公司發現比起賣洗手皂，賣洗顏皂能收取更高的價格，即使香皂本身是一樣的。

有一起法律案件是，止痛藥廠牌布洛芬（Nurofen）在澳洲遭到法院起訴，並裁決罰款600萬澳幣，因為該廠牌用不同名義，以兩倍價格販售完全相同的產品。根據澳洲聯邦法院的判決，布洛芬背痛藥、布洛芬經痛藥、布洛芬偏頭痛藥，還有布洛芬緊張性頭痛藥廣告不實，因為它們的有效成分都和標準型布洛芬止痛藥一樣，卻以兩倍價格販售[5]。

一般而言，大眾願意為特定用途付出比一般用途更高的金額，原理是特定產品更有價值，因此價格應該更高。觀察藥局貨架上的感冒和流感藥，可以發現許多在包裝上寫著額外的功效，像是能助眠或抗過敏。然而，從成分中卻可以看得出來，其實通常都是一樣的內容物，只有食用色素和包裝提供的資訊有所差異。

譬如，寧透（Nytol）是助眠藥物，有效成分為鹽酸二苯胺明（diphenhydramine hydrochloride）[6]。相較之下，喜得治（Histergan）是對抗花粉症和過敏的藥物，但成分一樣是鹽酸二苯胺明[7]；還有抗組織胺乳膏，用來舒緩皮膚因為過敏

或蚊蟲叮咬所產生的反應，結果成分還是鹽酸二苯胺明[8]。在這些例子中，藥效可能符合描述，但卻依照特定用途進行包裝和定位。

如果產品真的比較好，有可能最便宜嗎？

詢問創業者，他們的產品優勢是什麼？結果會相當有意思，還可以詢問他們的訂價策略。令人吃驚的是，他們經常會說自家產品在特色與績效表現上都遠遠超越對手，而售價卻比同業便宜30%。

這種既求好又求便宜的目標大多難以為繼，雖然有時候可能因為根本性和結構性因素，新推出的商品確實比其他競爭者便宜。例如，某家公司開發出一種新科技，能以低於現有競爭同業製造成本的方式，製造出更好的產品，又因為其製作方式乃是商業機密，或是透過智慧財產權保護防止他人抄襲，所以這種優勢是永久性的。若非如此，技術優勢遲早會被市場模仿或忽略（十之八九的情況都是）。

畢竟，如果新產品真的比競爭同業還要具有優勢，而顧客也真正重視這些優勢，為什麼不收取比同業更高的價格呢？

便宜或優質只能二選一，不能兼得

如前所述，通常高成長企業會宣稱優質的低價產品在財務方面不可行，因為潛藏著兩個問題。

1. 把競爭對手的成本與價格搞混

企業進行分析時，通常訂價資訊是由當前市價得來，也就是競爭對手的售價。然而，這並未考量該競爭品牌的成本。舉例來說，如果該競爭品牌售價是100英鎊，可能毛利率為80％，而變動成本（variable cost）實際上只需要20英鎊。這表示如果要保留30％，以70英鎊出售，其他品牌也可以用這個價格輕鬆販售，或甚至把價格壓低到20英鎊（損益平衡），直到新競爭對手出局，再調回原價。

這種市場上現有競爭者採取的模式，能抵禦新競爭者進入這個地盤的威脅。這種競爭手段的效果很好，因為老牌市場領導者的市占率最高，所以通常銷售量最好，而量大可以帶來更高的規模經濟，所以能在成本上取得優勢。因此，他們總能在價格和成本的商戰中獲勝。有可能大型競爭對手不會理會削價競爭的小公司，但是那種策略仍然不利成長。

2. 忽略要有良好的利潤率來帶動未來成長

在上述情境中，就算該公司能以70英鎊的價格販售，而

沒有遇到競爭手段抗衡，也不太可能會有良好的利潤率。新創企業和小企業通常沒有規模經濟效益，所以每單位的成本會高於老牌公司。如果未能獲取良好的利潤率，就會不斷面臨缺乏現金的問題，無法再投資於研發、員工培訓和人才招募，還有其他小型高成長企業要發展所需的事物。藉由銀行借貸或股東投資可以暫緩清算問題，但是除非利潤率增加，否則問題仍會長期存在。

波特提出的競爭優勢

麥可・波特（Michael Porter）在知名著作裡[9]，說明一個組織要如何透過取得持續性競爭優勢來擊敗對手。書中指出幾種策略，包含成本領導（cost leadership）、差異化領導（differentiation leadership），以及全產業或集中區隔（industry-wide or focused segment）的方法。

從圖4.13中[10]，可以看到價格和獲利可能性的關聯。可以看出為了要成功（獲利、給員工足夠薪資，以及再投資於為顧客改良的未來產品），策略必須是低成本或高價格，兩者之間就是「困在其中」（stuck in the middle），難以獲利又容易步入破產一途，這也是許多新公司會在不知不覺陷入的狀態。

以下進一步詳細介紹這兩大策略。

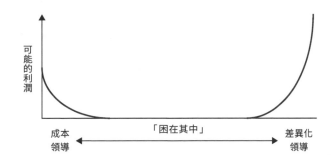

圖4.13　波特提出的競爭優勢：兩大策略會成功，「困在其中」會出問題

1. 成本領導

成本領導（或低成本領導）策略，是公司在設計和商品提供上都著重於盡可能減低成本，並增加規模經濟。

其中一個辦法是，以專利之類的某種法律框架，取得獨特的資訊或科技，因而能在對手面前獲取持續性生產成本優勢。

更常出現的情況是，透過單一專業在各方面取得最佳效率和低成本，因此可能支付供應商最低金額，而租金、費用、員工及其他開銷也都是最低。用這種低成本策略，光是存活都很困難，更不用說鴻圖大展了，除非公司能發展出系統化的模式。為了長期經營，幾乎要接近執著地瘋狂壓低成本。

這種做法的一個例子是，近年來盛行的廉價食品和服飾商，他們極度重視高成本效率的物流供應鏈，還有高成本效益的零售環境。還有一些例子則是，廉價航空和折扣商在

eBay 這類第三方平台上銷售。

注重成本領導的成功企業，時常秉持著壓低成本的狂熱，其中一個例子便是宜家家居（IKEA）。宜家家居的一位經理講述一件往事：宜家家居姐妹財團的主管要搭機前往英國，到位於諾丁罕（Nottingham）的一間地區辦公室時，員工提議派計程車接機。當然，這位大人物的時間很寶貴，但他卻堅持要從機場搭乘公車，節省計程車費。連高層大人物都這麼節省，就可以看出兩件事：第一，節省成本是會反映到一切行為中的狂熱；第二，把握機會向員工傳達自身理念和狂熱的機會很重要，並且不容忽視。

2. 差異化領導

相較之下，差異化領導策略則是產品設計既要提供價值給顧客，又要與競爭品牌不同，最好更勝一籌，這時候不會低價供給，而是會收取尊榮級價格。這種狀態「相當理想」，因為有良好的利潤率表現，並且公司是藉由價值向彼此競爭顧客，而不是靠著價格。

3. 困在其中

圖 4.13 的縱軸很有意思，表示可能的利潤。可能的利潤是指綜合考量利潤和風險，或是能達成該利潤的可能性。成本領導策略可以獲利，差異化領導策略也可以賺錢。然而對

成本領導而言，最大利潤會低於有效的差異化領導；換句話說，差異化領導有賺取較高利潤的潛力。差異化領導的一個好例子是，蘋果的 2,500 億美元現金盈餘[11]，帶來高價格和高獲利能力，充分展現差異化領導策略的優異表現。

至於介於中間的公司，也就是前述「困在其中」的公司，既沒有對顧客的生活增加足夠價值，也沒有辦法靠成本領導，因此同時想要壓低成本（需要低營運成本），又提供良好產品（需要高營運成本），能成功達成的機率不高，反倒公司倒閉的可能性較高，因此「困在其中」通常容易惹禍上身。

無法對顧客的生活增加足夠價值，表示顧客價值主張不夠吸引人。基本上，這些公司的產品並未被顧客視為有充分價值，原因包含對製程的（再）投資，不足以帶來高效率的產品開發、理解顧客需求，以及有效將這個主張傳達給顧客。

現在簡要檢視幾種不同的訂價方式（在第 6 章會更深入探討）。

實用的訂價法

時常有人問我：「要怎麼訂價？」訂價是一個令人煩惱的任務，尤其是要面對不確定性（缺乏可靠和精準的資料）帶來的情感負擔，還有為了成長而強烈渴望獲得更多銷售。訂價有好幾種理念或方法，這裡列舉幾種，先從最流行的三大

類開始，然後等到第 5 章時會更詳細探討這個主題。

成本加成訂價法

　　成本加成訂價法（cost-plus pricing）是歷史悠久又廣為人知的訂價法，在這種方法裡，製造產品的成本（在零售情境中，則是供應產品的成本）經過估算，再加價（markup）成為販售價格。該方法源於工業革命，工業革命主要是將機械原理用於產品製造而生的製造技術革新，或許也就是這種訂價法會一直在生產商與製造商之間盛行的原因。

　　製程往往複雜又不易管理，成功的營運管理極為仰賴細節，而在製造情境中管理大量勞動力，是一個要持續面對的挑戰。通常這些環境裡充斥著所謂的「救火行動」，要不停解決一連串時間緊迫的問題，占據高階管理階層的時間。因為這種複雜情況，製造商變得容易審視內部並重視成本，而不會向外考量顧客層面。要找到精力或資源來評估市場機制，並且仔細關注變動的顧客需求，有時是一大挑戰，因此需要換一種心態。

　　然而，加成訂價法只是較為便利，不代表它就是最好的訂價法。

　　實際上，成本加成法也有可議之處，因為它預設成本能精確衡量而不會劇烈變化，還完全忽略為顧客創造多少價值。

競爭者基礎或現行水準訂價法

　　競爭者基礎訂價法（competitor-based pricing）或現行水準訂價法（going-rate pricing），是設定價格配合競爭者或與他們形成相對關係。可以透過價格—認知績效散布圖，如同本章之前所示，參考其他品牌對類似供應產品訂定的售價。績效越高，就表示價格越高；而績效越低，則表示價格越低，假設兩者可以這樣簡單連結的話。

價值基礎訂價法

　　價值基礎訂價法（valued-based pricing）的做法較為精細，在訂價時要估算為顧客創造多少價值，然後供應商從該價格中獲取一部分。這種方法特別適合創新產品，因為沒有既定的價位。以此為基礎，把新創產品帶到現有市場，有機會提高顧客價值，而能採用尊榮級訂價。

其他訂價法

吸脂訂價法

　　吸脂定價法就是採取高價，通常用於新推出的創新產品。早期採用者或是成本不敏感的顧客就會買入該高價品，但是購買數量通常較少。之後一旦市場成形，就可能改用滲透訂價法策略，以促進銷售量，並提升市占率。

滲透訂價法

通常會在吸脂訂價法實行一段時間後採用，利用低價來快速取得市場占有率，或增加市場滲透率。這種方法假設有需求的價格彈性，適用於極廣大且人口眾多的市場。

認知品質訂價法

認知品質訂價法（perceived quality pricing）靈巧地採用較高價格，營造出高品質或高績效的觀感。這種方法用於多種高級品牌與奢侈品。

定期折扣法

定期折扣法（periodic discounting）通常會配合特殊活動或是季節假日，暫時降價來吸引顧客嘗試新產品，或是多買一件。然而，濫用的話會導致顧客習慣等到打折才購買。

市場差別取價法

市場差別取價法（market discrimination pricing）是同樣產品在不同市場中以不同價格販售，通常會反映出該市場中因為競爭品牌或顧客期望而不同的市價。這導致你出國遊玩時，會發現有些產品的價格遠遠更高或更低，有別於你在母國市場會看到的價格[12]。

商議或拍賣訂價法

商議訂價法（negotiated pricing）或拍賣訂價法（auction pricing），是賣方和顧客透過拍賣來訂價。拍賣的情況是有著單一賣方與眾多買方，而價格由低到高拍賣；逆向拍賣則是有著眾多賣方和單一買方，價格由高到低拍賣。

犧牲打訂價法

犧牲打訂價法（loss leader pricing）是一項產品以無法獲利的低價販售，促使顧客再多買其他可讓商家獲利的產品。最常見於超市廣告吸引顧客上門，讓顧客在賣場中受盡各種誘惑。當作犧牲打的招牌商品，通常會擺放在商店後方。顧客為了購買一件物品進入賣場，離開賣場時卻是滿手商品。

誘餌訂價法

誘餌訂價法（bait pricing）是利用低價販售最基本款，而系列中有各種不同產品，目的是要用升級方案的方式，讓顧客購買系列中較高檔的產品，因此支付更高的價格。

組合訂價法

組合訂價法（bundle pricing，又稱配套訂價法）是好幾種互相搭配的產品組合在一起，以整套價格販賣。有時候不提供單賣，或者購買兩件提供額外折扣，使得顧客支付的總

金額增加。產品只以組合方式販賣的話，另一個好處是讓顧客較難與競爭品牌的產品比價。

「隨喜」訂價法

「隨喜」訂價法（'What it's worth' pricing）會請顧客自行決定要支付多少錢。有時候效果很好，尤其是顧客正直、慷慨，並對產品別具情感時，例子包括慈善義賣品。

浮動訂價法

浮動訂價法（surge pricing）是價格會隨著需求增加而增加，例子包含尖峰時段的火車票，以及熱門航班即將售罄的機票。

對於暫時失序的因應

2020年到2022年間，新冠肺炎（Covid-19）肆虐全球，這時候世界各地的政府單位開始協助企業在病毒造成的嚴重疫情下生存。英國推出減稅方案，包含暫時調降企業要支付的加值稅（Value Added Tax, VAT，屬於國內營業稅）。加值稅的收取方式是，銷售額超過85,000英鎊以上的企業，必須針對每筆銷售額多付20％的稅金。對B2B企業而言，客戶通常可以退稅，但是對企業對消費者（Business-to-Consumer,

B2C）企業來說，消費者要負擔全額，也就是支付費用中包含20％加值稅。

有鑑於疫情對仰賴實體互動（像是餐廳和咖啡廳）的B2C企業造成特別大的衝擊，所以英國政府把餐旅業的加值稅降低為5％（後來又提高到12.5％，預備日後調回20％）。因此，收取的加值稅不是20％，而是改成新制的5％。實行的方式有兩種：1.公司把價格降低15％，把節省的費用移轉給顧客，如果需求彈性正常運作，便能獲得更高的銷售額；2.可以維持原價，使利潤率增加15％，等於把淨售價（net selling price）提高15％。

那麼各家公司是怎麼做的？是降低價格來增加生意，還是接受這增加的15％？

有大量證據顯示，多數企業選擇維持原價，接受多出來的15％利潤率。從某方面來說，它們錯失減價15％卻不會產生任何成本的機會，因為加值稅是以現有價格來計算。既然沒有增加成本，價格減少15％之後，它們可以選擇立刻恢復原價。

這個選擇的有趣情況，勢必與價值的塑造，以及考量利弊之後有關，可能是因為知道加值稅只是暫時調降。然而，有時候從某個參照點（reference point）來看，面對等量的損失與獲利，前者會更難以忍受。這種認知偏誤稱為損失規避（loss aversion），可能也在某種程度上解釋企業會如此選擇

的原因 [13]。

可以從傳統訂價法獲得什麼結論？

使用傳統訂價法，很可能無法提供高成長公司成功所需的洞察。我們對定價的直覺或基本理解，是基於身為消費者的經驗，但我們可能不知道自己的決策和判斷如何被公司操控，或是基於1930年代為發展緩慢的大公司設計的管理理論。

我們實際上看到的是，功能完全相同的產品有各種不同的販售價格，有時候價差達到500％以上。

另外，通常產品不會最便宜又最優質，想朝這個方向努力，形同自尋死路。因此，追求成長的創業者如果要成功，就得採用新的訂價方法：聰明訂價法，在接下來幾章會進入這個主題。

本章摘要

- 傳統訂價理論假設價格彈性存在、市場效率高,而且行為者既理性又握有充分資訊。
- 然而,市面上每天都有同樣的產品以不同價格販售,價差高達500%。明顯可見,多數市場並非完全競爭市場。
- 在採用多種販售形式的多價位情境裡尤其如此。
- 一般而言,要便宜或優質只能二選一,不能兼得。
- 由此可見,傳統訂價法和市場理論不能保證企業成功。

考量要點

產品生命週期	訂價散布圖	成本領導或差異化領導?
你的產品處於哪個生命週期階段?而這對價格和競爭壓力會帶來什麼影響?	你的產品在競爭產品的環境中處於哪個位置?你能否看見尚未實現的利基?	你是哪一種?還是你正困在其中?(那樣的話,要如何導正?)
		訂價方法
		你使用成本加成、競爭者基礎,或價值基礎訂價法?這是效果最好的方法嗎?為什麼?

本章練習

製作你的訂價散布圖。

為什麼他的商品可以翻倍賣？

5

算出讓公司成長的價格槓桿

何謂成長？

既然你選擇讀本書，很可能有意讓或大或小的企業「成長」。因此，我們就花費幾分鐘的時間來探討這個問題：何謂成長？又要如何達成？

想讓企業成長，通常需要提高收入。一般來說，收入增加也能促使利潤提高。你也可以透過減少成本來增加利潤，不過不能降低到讓公司無法運作，而增加收入能帶來的成長會更多。

我們來想想一個例子：珍準備好在檸檬汁攤位販售檸檬汁。

珍的收入計算結果是，從每次交易的價值乘以交易次數得出。為了增加銷售額，珍可以提高每杯檸檬汁的價格、增加顧客交易時購買的檸檬汁數量、增加光臨攤位的顧客，或是增加顧客向她購買檸檬汁的頻率。

用比較正式的方式

表示，收入可以用下式呈現：

收入＝(A)每次交易的價值×(B)交易次數

其中，(A)每次交易的價值，可以再細分為：

(A)每次交易的價值＝(i)售價×(ii)單位數量

而(B)交易次數則可以再細分為：

(B)交易次數＝(iii)顧客人數×(iv)每位顧客的交易次數

因此，一般公司想要增加收入的話：

- 以(i)每次交易收取的單位價格而言，要設法增加平均單位價格。例如，珍可以從0.5美元往上調漲，像是變成0.75美元。
- 以(ii)交易中銷售的單位數量而言，必須增加賣出的單位數量，無論是透過增售，讓顧客能選擇在交易的「籃子」裡多放入幾個單位，又或是採取升級方案，增加賣出的單位大小。對珍來說，她可以販賣每杯1美元的超大杯檸檬汁，或是販售一些搭配的產品，如

餅乾，好多賺0.25美元。

- 以(iii)與公司買賣的顧客人數而言，可以舉辦活動來增加顧客人數。（注：這是業務開發主要的方向。）珍可以買下當地的廣告看板，或是在當地電台進行宣傳。
- 以(iv)每位顧客的交易次數而言，要增加每位顧客購買的頻率。珍可以舉辦集點卡活動來吸引回頭客，或是詢問顧客下一次什麼時候會再度光臨。

所以，基本上公司要成長就必須：

使用以下方式增加(A)每次交易的價值：

1.增加每單位的販賣價格
或是
2.增加每次交易販賣的單位數量

或是

使用以下方式增加(B)交易次數：

1. 增加光顧的顧客人數

或是

2. 增加每位顧客的交易數量

我們會在第 9 章談論如何在各個因素達成上述成果，至於現在要多了解頭號重點，也就是重要性非同小可的價格。

我們已經討論關於訂價和成功的部分相關背景資訊、討論利潤是再投資關鍵的原因，也討論價格的重要性。所以，接著來談重要問題：為什麼價格對成長會如此重要？

為什麼價格那麼重要？

要回答這個問題，先來看一個簡單的例子。

每家公司賺多少錢？

想像有兩家公司：A 公司和 B 公司。A 公司的單位價格低於 B 公司，兩者分別為 100 英鎊和 130 英鎊。或許因為價格較低，所以 A 公司成功使得潛在顧客實際購買的轉換率（conversion rate）較高，達到 60%，而 B 公司的轉換率則是40%。

整理如下：

A公司	B公司
價格為100英鎊	價格為130英鎊
銷售轉換率為60%	銷售轉換率為40%
利潤？	利潤？

哪一家公司的利潤較高，大約高出多少？

沒錯，這樣問不太公平，還要看成本結構和毛利率等其他方面的假設。無論如何，還是可以抓一個平均數字和合理假設各項變數，試著回答這個問題。

答案會讓很多人感到驚訝：

A公司	B公司
價格為100英鎊	價格為130英鎊
銷售轉換率為60%	銷售轉換率為40%
利潤為400英鎊	利潤為800英鎊

A公司的利潤為400英鎊，而B公司的利潤則為800英鎊。即使B公司的轉換率較低，但不僅獲利程度較高，賺的

錢還是A公司的兩倍。

（想要一探究竟，可參見附錄一中簡單的損益表。）

為什麼這很重要？這是因為公司要成長的頭號資源就是現金。我們會把利潤當作方便說明的要點（或近似的概念）。因此，利潤越高，你就能產生越多現金，也能有越多現金再投資公司。

一般來說，提到成長，我們會想到的不是增加顧客人數，就是增加每位顧客的交易量，或是增加每次交易的平均單位數量。然而，常常被忽略的一個成長來源是：提高價格的機會。較高價格可以帶來更多收入，也可以促進公司產生利潤和現金來進行再投資。

訂價是獲利的最大槓桿

我們從A公司和B公司的簡單例子中，看出價格對獲利的影響力（還有因此對現金的影響力）。無論這個例子多麼簡化，沒有必要光聽我說就相信，還有很多研究佐證這個發現結果。

我們來看看備受讚譽的《哈佛商業評論》（*Harvard Business Review*）研究結果。《哈佛商業評論》研究觀察眾多產業裡2,400家公司的情況，並且詢問以下問題：

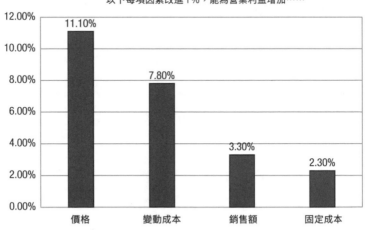

如果你在價格、變動成本、銷售額或是固定成本上改進1%，平均會對利潤帶來多少效果？

《哈佛商業評論》研究[1]顯示，價格是提高利潤最大的「槓桿」（參見圖5.1）。

這表示平均在這2,400家公司中，把價格增加1%，能使營業利益提高11.1%。相較之下，把變動成本減少1%，會讓營業利益提高7.8%——所謂變動成本，是與提供產品或服務直接相關的開銷，像是用於供給所需的直接勞力，或用於製造中的原料。增加銷售額或收入1%，只能讓營業利益提高3.3%。降低固定成本的價值又更低了，提升營業利益

以下每項因素改進 1%，能為營業利益增加……

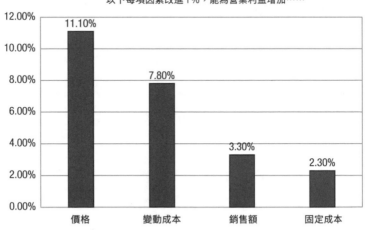

圖5.1　訂價是產生利潤的最大「槓桿」

的程度只有2.3％──固定成本的例子包含經常性費用和中央辦公室成本。

從這份《哈佛商業評論》研究中，可以獲得兩個寶貴重點。首先，價格對於利潤的影響力遙遙領先其他項目。如同前述，這是提高利潤的最大「槓桿」。利潤接下來可以產生現金，而企業需要現金才能成長、供給營運資金的需求，並且用於公司營運的再投資，此外，也能帶來亮眼的報酬率，而報酬率的概念將在第7章說明。所以，任何成長計畫都要把價格視為重點。

其次，被問到企業成長最會聯想到什麼時，大家通常會說「增加銷售額」。在圖5.1中，銷售額只帶來平均3.3％的成長。因此，銷售額增加帶來的效果，不如價格的三分之一；換句話說，比起增加銷售額，增加價格的「報酬」幾乎為四倍。

這份研究充分顯示，訂價受到眾人輕忽。想要讓企業成長的人通常會想到銷售額成長，也就是營收表現，卻沒有注意到價格對成長的重要影響力。畢竟，你要選擇銷售額成長，還是利潤成長？你希望當前的銷售額翻倍，但利潤不變；還是要利潤翻倍，而無關銷售額需要增加多少？

《哈佛商業評論》研究顯示的是2,400家公司的平均數，所以可以好好想想特定一家公司的財務結構──價格的槓桿實際上可能比上述列出的平均數還高[2]。

同樣地，麥肯錫（McKinsey）發表的研究，彰顯配銷業

中價格對企業的影響效果[3]。麥肯錫觀察全球130家上市配銷商，估計價格增加1％，能使息稅折舊攤銷前盈餘（Earning Before Interest, Tax, Depreciation and Amortisation; EBITDA，有時用來方便說明現金流）表現提升高達22％，而使股價上漲25％。

相較之下，麥肯錫表示：

> 「……2018年，一家普通配銷商必須讓銷售額成長5.9％，並維持低營運費用，帶來的效果才能比得上1％價格增幅——這個比例十分可觀，尤其是在成熟市場裡，競爭相當激烈，常常要透過犧牲獲利才可換得成長。同樣一家配銷商必須把固定成本降低7.5％……（假設損益結構相同），才能對息稅折舊攤銷前盈餘帶來同等的增益。
>
> 我們調查各行各業200多家配銷商顧客，得到的結果是價格在配銷商顧客最看重的項目裡排名第六。價格是在關鍵價值產品上贏得生意的最重要因素，這些價值產品在產品中占20％，卻大致等同於個別顧客購買金額的80％。但是，多數顧客對其他眾多待採購產品的價格敏感度低了許多，這是配銷商能提高利潤率的最大良機……」

麥肯錫研究顯示，價格具備翻轉獲利程度和配銷商股價的巨大潛能，卻只是顧客在該產業中第六看重的項目，不如

其他因素（參見圖5.2）。

　　這項分析也提供如何做出改變以提高利潤的暗示——顧客對80％的產品價格敏感度明顯較低，而這些產品占了20％的價值。

　　除了強調訂價對提高息稅折舊攤銷前盈餘的重要性外，這份研究也精細觀察各項產品，並察覺顧客並非對所有產品都抱持同樣的嚴謹態度，可以做出差異化的公司就能獲得新機會。

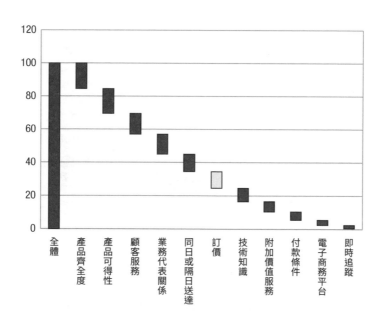

圖5.2　顧客對B2B配銷商的重要性排名

折扣的真正代價

上述《哈佛商業評論》研究顯示，在2,400家公司中，平均而言價格增加1%，能使營業利益提高11.1%。

從另一個方向來看呢？如果銷售人員給予顧客價格折扣促進「成交」呢？這對利潤會產生什麼影響，以及需要增加多少銷售額來彌補這項折扣造成的損失？

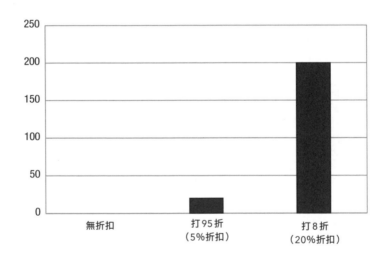

圖5.3　折扣造成利潤損失所需額外補足的銷售額

我們可以重建一個與《哈佛商業評論》研究的2,400家公司平均值相同情況的損益表，然後模擬兩種情境：打95折（5%折扣）和打8折（20%折扣）的優惠。結果顯示在圖5.3

（完整版收錄於附錄二中）。這對利潤會造成什麼影響，又需要增加多少比例的銷售額才能抵銷減少的價格？答案並非顯而易見。

對「平均損益」而言，5%折扣會使毛利減少4%，並造成營業利益大幅降低56%。為了要讓營業利益恢復到原先的水準，銷售額需要增加多少？5%或是10%？事實上，銷售額必須增加20%才夠，比5%高出許多。換句話說，就算5%折扣能做成更多生意，卻要增加20%的銷售額才能「損益平衡」。

對20%折扣來說，狀況更嚴重了。這項優惠會造成毛利減少17%，並讓營業利益降低了驚人的222%，營業利益實際上會變成大量負值。為了使利潤回歸到先前的程度，銷售額必須變成三倍（增加200%），這表示20%折扣價格必須帶來三倍的銷售額，才能「損益平衡」。

我們可以詢問自己一個有趣的問題，就是公司執行長和業務總監是否完全了解，聽起來微幅的優惠，對公司的持續性和再投資能力會有如此劇烈的影響？

	基本情況	95折（5%折扣）	補償折扣額增幅		8折（20%折扣）	補償折扣額增幅	
銷售額	100	95	120%	114	80	300%	240
變動成本	<u>**70**</u>	<u>70</u>	120%	<u>84</u>	<u>70</u>	300%	<u>210</u>
毛利	30	25		30	10		30
毛利率	*30%*	*26%*		*26%*	*13%*		*13%*
固定成本	<u>**21**</u>	<u>21</u>		<u>21</u>	<u>21</u>		<u>21</u>
營業利益	9	4		9	−11		9
基本情況的變化比例		*−55.6%*		*0.0%*	*−222.2%*		*0.0%*

找出你的價格槓桿

這個練習直截了當地找出，價格對公司的槓桿有多大，你可以將這個練習用於自己的公司。

練習之初，先拿出近期的損益表（損益帳目）。損益表中寫著收入，接著是銷貨成本（cost of sales）扣除額，因此能算出毛利。然後毛利會再扣除營業費用〔或銷售管理費用（Selling, General, and Administrative Expenses, SG&A）〕，計算出營業利益，如下所示。

	範例
收入（銷售額）	100
扣除銷貨成本	30
＝毛利	70
扣除營業費用（或銷售管理費用）	40
＝營業利益	30

做這個練習時，估算價格變動1%會帶來什麼影響，此時只要把收入數字乘以0.01即可。這是價格增加帶來的收入增幅——我們稱這個數字為「A」，請參見下表中的(A)。因為沒有多賣出任何單位，所以

沒有額外銷貨成本，因此「A」可以用來算出價格增加1%後得出的新毛利。同樣地，因為營業費用沒有增加，所以也可以用這個新毛利，計算出新的營業利益(B)。

	原利潤	新利潤	
收入（或銷售額）	100	(A):100*0=1.01	
扣除銷貨成本	30		
＝毛利	70	70+1=71	
扣除營業費用（或銷售管理費用）	60		
＝營業利益	10	(B):10+1=11	(C):11/10=10%增幅

　　比較稅前新、舊兩種營業利益，可看出價格增加1%會造成多大的改變。如果把新的營業利益數字11除以原本的數字10，然後減去1後乘以100，將得到利潤增加幅度的百分比(C)。上例中的結果為10%，表示價格增加1%，會使營業利益上升10%。

　　《哈佛商業評論》研究顯示上千家公司的平均值為11%，但是你自己計算的數字可能更大或更小。這個練習凸顯為何有時會說「價格的任何成長都會成為淨利」，也就是說因為成本沒有增加，所以價格增加多少，都會直接反映在利潤的數字上。

你可以為自己的公司計算：

	原利潤	新利潤	
收入（或銷售額）		(A)：	
扣除銷貨成本			
＝毛利		非必要	
扣除營業費用（或銷售管理費用）			
＝營業利益		(B)：	(C)： 增幅百分比＝

這個練習可以用當前的財務報告來計算，也可以是過去或預測的報表，關鍵結果是要了解價格變動1%能提高多少利潤。你可以用總收入數字(A)，或者如果你有完整列出成本的損益表，就可以針對個別產品計算。兩種都可行，因為價格與收入成正比，如同在本章開頭的公式所示。為了便於計算，可以從收入(A)算到營業利益(B)，忽略毛利上的變動。

增加再投資的預算

能否再投資企業，通常取決於對現金的掌控，留待第7章再詳談。再投資中關鍵的幾項，能夠決定並促進企業未來成長。譬如，改善顧客體驗、招募更多人力、對員工進行培訓，以提升帶動企業的必要技能、投資在科技與新產品開發，還有最後一項是透過廣告和推銷來招攬新生意，因此再投資對於加強企業、發展出能追求及實現成長的能力而言都十分關鍵。

何謂營運資金，有何重要性？

你可能聽過警告，企業最容易步入破產一途的過程，就是銷售迅速翻倍或加倍時？這種現象確實存在，每年也會有企業不幸因為成長，反而「走投無路」。之所以會有這樣的情況，通常是因為營運資金（working capital）的需求。

營運資金是企業命脈，重要性不在話下，這些資金與企業運作本身緊密相關。成長中的企業必須為成長需求，籌措營運資金。

我們來看一個簡單例子，解說其中的意涵。

製造商的一般商業模式是，有一家實體工廠以組裝或製作產品。營運資金對製造商而言極為重要，因為它往往會決

定公司投資在製造產品，以及從顧客身上拿到費用之間的時間差。

在這個製造商的例子裡，工廠可能投資於原料、機械設備、員工或是運用上述所有資源，做出成品庫存，然後儲藏在倉庫裡，而倉庫本身也會產生相關費用。成品上市販賣，並成功售出且送達給顧客後，實際拿到報酬的時間可能會延遲。以B2B的市場而言，顧客是另一家企業，而製造商通常要等30天、60天、90天，或甚至在嚴峻條件下，要等待180天才能拿到銷售所得。

在這種情況下，公司為產品上市前各階段所需開銷付款，並從顧客身上獲得現金，期間的延遲時間可能非常長。這就是營運資金週期的例子，公司基本上會把現金投資於存貨形式，並等待一段時間，然後提供給顧客，再透過與工廠的信用條件支付所有投資。

投資在這種存貨形式會把現金套牢，要等到顧客付帳時才能解套。假使企業因為銷售翻倍，而規模也翻倍，帳面上的庫存大小也會加倍，於是也有兩倍的現金會在這個營運資金週期內被套牢。

商品賣出後與顧客實際付款之間，這段30天、90天或甚至180天的漫長付款週期，好比工廠提供的免費借貸。這筆借貸金額會與年度銷售額成比例。因此，如果企業規模加倍，借貸的金額也會加倍。由此可見，當企業規模加倍時，

以各種營運資金形式被套牢的現金也會加倍。

因此，要讓公司關門大吉最迅速又簡單的方式，就是銷售迅速增加，造成企業來不及籌措資金或現金，資助營運資金需求。常見慣例如下：銀行現金歸零，帳戶透支，於是公司付不出帳單而倒閉，這家公司可能獲利龐大，帳戶內卻沒有現金支付帳款，因此仍會不支倒閉。

這就是企業成長太快速，或是在財務上控制不當，容易陷入現金危機而破產的原因，只是看起來有獲利而可望發展。

現在以營運資金的另一個極端例子說明：一家透過網路販賣商品給消費者，並且有B2B供應鏈的B2C企業。如果公司把產品賣給消費者，通常消費者會立即付費，比如用信用卡等類似方式。因此這家零售商透過信用卡支付機制，很快便能獲得全部金額，並且有時候在數分鐘內就會完成。供給產品時，零售商則會運用供應鏈，在某些例子裡，零售商可能沒有將該產品留作庫存，而是會請供應商直接把產品寄送給消費者。這時候供應商必須等待30天到60天，零售商才會付款。相較之下，零售商卻立刻就可以從消費者身上收到款項。

在這種情況下，可以看到正的營運資金週期，其中零售商在產品調度之前，就立刻收到消費者支付的款項，等於從供應鏈的供應商獲得「免費貸款」。如果零售商的銷售加倍，就能得到從供應商取得兩倍貸款的好處，因此處於正現金流，也就是銷售越多時，越能資助自己的企業。

營運資金有一個好比喻是汽車引擎的「潤滑油」，如果汽車的內燃引擎中少了潤滑油，還想要啟動，引擎就會卡住，而讓車輛停止。潤滑油對引擎運作至關重要，如果設計的引擎大小為兩倍，自然就需要用到兩倍的潤滑油。

價格越高，現金增值越多

《哈佛商業評論》和麥肯錫的研究都顯示，價格較高可以帶來不成比例的更高利潤。因為毛利率會變高，所以金錢增值幅度也會增加。現金增值後，就算個別公司的營運資金週期有些延遲，還是能較輕鬆地挹注營運資金，這對任何成長中的企業都很重要。價格對支援營運資金的作用，常常被人忽略。

因此，較高價格能強力資助再投資，促使企業快速又有效地成長。再投資與訂價之間的關聯性，也經常遭人忽視。

價格常能傳遞品質的訊息

你比較想要住在一間 25 萬英鎊的房子，還是 50 萬英鎊的房子？

你比較想要駕駛一輛 1 萬英鎊的汽車，還是 5 萬英鎊的汽車？

你希望自己搭乘航班的機長年薪是 10 萬美元，還是

2.5萬美元？

　　你希望幫自己動手術的醫師薪水是8萬美元，還是40萬美元？

　　就算沒有進一步資訊，光從價格就能傳遞出關於品質和效能的訊息。因此，價格能強烈傳遞品質，低價格通常表示品質不好。價格比其他品牌來得低的產品，會讓顧客覺得品質也較差、特色較差強人意、風險可能也較高。因此我們在訂價時，要多注意這會傳遞給顧客什麼訊息，還有這些訊息在顧客極重要的決策過程中會如何呈現。

用低價進入市場會怎樣？

　　如果先從低價開始賣，日後要調漲就會比較困難，幾乎可以說事後降價總比漲價來得容易！

　　還有更嚴重的是，如果你用暫時降價來測試市場反應，但之後打算以更高的價格販售，就沒有真正測試到該市場，因為結果不會如實呈現。而且你測試的商業模式沒有持續進行的話，便無法有效證明你想在市場上販賣的商品。這麼做的公司容易得到虛假的正面反應，進入市場後才發現高價的情況行不通，所以最初就應該使用該價格進行測試。

　　如此一來，在進行市場測試以適切訂價時，價位不應過

高而不切實際，或是太低而無法帶來好生意。

做出自家的區隔

上述的麥肯錫研究凸顯顧客購買商品時，很少會選擇最廉價的一種。實際上，多數人會比較現有選項的特色、優點及屬性，找出認為最適合自己的「甜蜜點」。所以，假如多數產品和服務有一個可接受的價格範圍，就能透過訂價來為產品或服務獲取差異化表現。

範例

英國公司煉金術士（Alchemist）[4]以高價值的產品服務和差異化策略，打造較高價格。煉金術士的連鎖雞尾酒吧不僅販賣高檔的烈酒和雞尾酒，也提供消費者獨特的體驗，送上浮誇而讓人驚豔的酒，有時會冒煙、變形，還有變換色彩及形狀。

該公司強化提供的產品和服務，並熟知一群好友相約，想要好好享受夜晚的心情，於是提供獨特的賣點，並收取尊榮級價格。與同一城市裡類似的連鎖雞尾酒吧相比，煉金術士的平均雞尾酒價格比高檔同業高出12%。

本章摘要

- 《哈佛商業評論》研究顯示，價格是在增加利潤方面遙遙領先的巨大「槓桿」。比起銷售額帶來的提升幅度，效果足足超過三倍。
- 訂價是提高利潤、支持營運資金所需的強力手段。
- 利潤也能增加現金收入，以進行再投資。再投資可以讓公司整體價值帶來加乘的成長率。
- 關鍵目標要放在以尊榮級價格搭配足夠差異化，推出有價值的產品，不要因為信心不足而訂價過低。
- 記住價格常常會傳遞關於品質和效能的訊息。

考量要點

價格槓桿	營運資金
找出你的價格槓桿效果是多少百分比。 該比率比競爭者高或低？	你的營運資金週期表現是正或負？ 這會對未來成長所需的現金需求有何影響？

本章練習

找出你的價格槓桿。

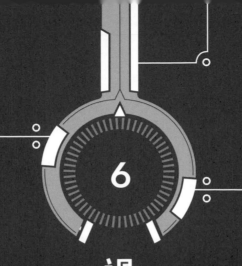

6

過度重視成本，反而讓你虧損。

終結成本加成訂價法

如果本書要取其他書名，也可以命名為《終結成本加成訂價法》（*The End of Cost-Plus Pricing*）。然而，安排本章就是因為，實際上還是有太多企業使用成本加成訂價法。

我們先來複習一下成本加成訂價法：簡言之，價格是用計算出來的生產成本，再加價得出。例如，如果某產品的製造成本為50英鎊（或從供應鏈中採購而來），公司就會把價格訂定為100英鎊，即成本外加100%。

如同前述，成本加成訂價法源於工業革命，當時產品首次透過工業流程製造，機械化的使用大大增加，這種高產量製程非常適合記錄和測量。因此，這些令人振奮的新生產科技，讓人會自然而然地關注生產成本。然而，適合200年前市場的構想，不見得今日仍然可以套用。

有些特例中，成本加成是正確、或甚至唯一可行的訂價策略，例如供應商在合約注明要對顧客「公開帳目」（即開簿），並由此估算雙方同意的一個數值比率來計算出價格。這類的合約比較少見，但也不是沒有，在這些情況中成本加成的安排算是「必要之惡」。不過一般來說，成本加成訂價法最好還是走入歷史。

把價值派餅做大：分配式和整合式交易

如果你想了解銷售和採購發生的情境，並藉此來輔助訂定價格，可以從過去歷史學到一些寶貴的協商理論。尤其是有一個實用的協商理論，說明了兩種純粹的協商形式：分配式和整合式。

分配式協商（distributive negotiation）有時又稱為「一輸一贏」（win lose），或是零和協商（zero-sum negotiation）。想像有一個蘋果派要分給雙方，派的大小是固定的，而協商的主要任務就是決定怎麼切割派分給各方。以兩方協商而言，有可能蘋果派會分割成50：50、75：25，或甚至是100：0。當然也有可能協商會破局，雙方誰也沒有分到。

為了方便說明，可以把這個蘋果派想成是協商涉及的價值。換句話說，蘋果派的大小等同於供應商潛在能賺到的利潤，外加買方能從買賣中收到的價值。在B2B情況下，買方的這項價值通常是使用產品後能節省多少成本的價值，或是從可獲利銷售增量得來的淨利（參見圖6.1）。

這種情境有時稱為零和協商，因為派的大小是固定的，一方分到的派越大（正向獲利，如＋1），另一方分到的派就會以同等幅度縮小（負向損失，如－1），兩邊相加等於零，所以又名零和，也就是說無論結果如何，派的總大小不變。產品為買賣雙方帶來一定的價值總量，所以派的大小固定，

圖6.1　分配式蘋果派切法：一方得利等於另一方損失

而協商基本上就是要分配該價值——通常會以制訂價格的方式來決定。一方付出的價格越高，得到派餅的價值越低，而另一方則會得到越多。

　　分配式交易的例子，包含多數產品的採購。一個簡單例子是在展示廳買一輛二手車：即使車上有標價，但是通常還有議價空間。二手車賣方可以賺取一定利益，而該利益主要是由轉賣車輛的價格來決定[1]。買方從買到車輛的使用權獲得價值，不過會因為付錢買車而減少。如果在議價過程中價格增加或減少，一方獲利就會造成另一方損失。

　　相反地，整合式協商（integrative negotiation）又稱為「雙贏」（win win），或是價值創造。在這個類別的協商中，蘋果派的大小不固定。比起決定如何分割蘋果派，也就是一般

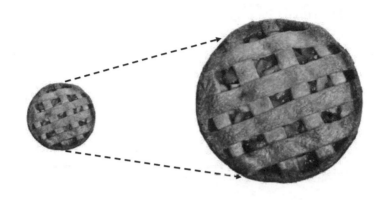

圖6.2　整合式蘋果派切法：設法讓每一方都獲取更大的利益

在分配式協商中的做法，主要焦點在於把整個派變得更大，產生更大的價值，而能帶來「雙贏」，所以在最後要分割蘋果派時，兩方都會得利。有創業精神的訂價者對於把派餅做大的過程深感興趣，因為這拋出明顯的提問：「如何為了顧客把派餅做得更大？」如果派餅能變大，各方都能取得更高的價值，其中可能涉及提高價格。（參見圖6.2）

請記住把派餅做大的這個想法，它有機會能使產品更有價值，方法包含改變產品的特色和優點、販售方式、傳遞產品訊息的方式，以及對消費品而言最重要的廣義層面，就是能附加於產品的情感價值（通常會透過與產品相互搭配的訊息達成）。更多情感價值的介紹會在本章後半部談論，現在先來詳細回顧幾個訂價法。

眾多不同的訂價法

> 「……以大多數型態來說，價格決定因子包含直覺、個人意見、經驗法則、硬性規定、高階管理階層的聖心獨斷，或是內部權力鬥爭……」
>
> ——赫曼・西蒙（Hermann Simon），
> 《精準訂價：在商戰中跳脫競爭的獲利策略》
> （*Confessions of the Pricing Man*）

訂價先驅西蒙的這句名言，反映出訂價在眾多組織的形成方式。經常發生的情況是訂價遭人誤解、恐懼、忽視，或是受到組織中的政治情勢左右。

在上述情況中，沒有好好正視訂價重要性與影響力，以及讓組織善用聰明訂價，來取得最大潛力的訂價流程和方法。現在先來詳細看看第4章提到的主要訂價法。

成本加成訂價法

這是其中一大傳統做法，源於重視製程的工業革命。例如，假設你計算的製造成本為100英鎊，就可以把價格設定為100英鎊，外加適當的利潤，例如加價60％，因此為「製造成本外加60％」，而得到價格為160英鎊。這種方法可說是讓訂價者感到安心，因為假設可以確知成本，就能確保販

賣商品會獲利。

這種方法最大的弊病在於完全只審視內部，這是根據對於公司內部流程的認知而來，沒有注意產品實際上對顧客有多少價值，也沒有留意競爭對手的情況，而這兩點都是用以理解廣大商業情境的重要參照。從公司文化的觀點來看，講求以顧客為中心而密切關注顧客感受與想法的公司，往往更能準備好迎接企業成功。成本加成促成的內省，通常會讓公司偏離這一點，產生更孤立又不了解顧客的文化。

成本加成也假定公司可以精準衡量成本，但這件事談何容易？成本會計相當複雜，要針對眾多事物進行假設，例如銷售量和經常性費用的分攤，以及這些成本會如何隨著時間而變化。這些假設結果通常是依照過去的數字[2]，所以未來的情況可能會有不一樣的結果。如此一來，成本就會計算錯誤。從某種程度來說，這解釋了有些公司自認有獲利，但是實際上卻常常虧損的原因，因為現時成本（current cost）難以精準判斷。

因此一般而言，生產成本不該影響訂價決策，而只是在會計控管時作為「理智驗證」之用，確保有獲取可觀的利潤表現。

成本加成在製造商特別常見（因為做生意需要記錄眾多成本資料），但是對任何一家公司而言，花費很多時間、心力衡量和管控成本，並不表示應該要把成本放在訂價決策的

中心。成本只是商業活動裡多項「未知數」中的「已知」參數之一，實際用處被過度放大。

範例

家具製造的成本加成訂價法

英國一家高級家具公司依照顧客要求，加上自身藝術原創力，設計並製作獨特家具。因為鎖定客群的眼光好，這家公司至今也相當成功，卻未能達到對成長的抱負。

這家公司的一個關鍵決策面向是，既然每件家具都不一樣，要如何訂價？多數這類型的企業都會選擇成本加成訂價法，因為沒有外部的比較對象，也因為要確保確實獲利。

有可能這家公司其實訂價過低。然而，要如何訂定價格來實現該公司的價值？

或許最好的答案是，價格要根據顧客願意為獨特商品支付多少金額——尤其是因為缺乏外部參照點來決定。缺乏參照點的這個問題，不僅對顧客會有很大的影響，對製造商也一樣。

進行實際市場調查，像是做市場實驗，能幫助這家公司建立顧客對預算的尺度，甚至還能知道有什麼

機會可以增加顧客認同的價值，像是提升情感價值和改善顧客體驗。

　　然而，該公司是以成本加成的方式訂價，因而蒙受相關的限制和風險。不僅如此，這家公司是用預估的成本（如現在所知，很有可能計算錯誤），再套用從其他產業得來的加價算法，而這完全無關該產業的局勢脈動。不同的產業或市場從顧客獲取而來的價值高低差異大，並且與生產成本之間的關聯性高低也有所不同。

　　顯而易見的是，成本加成訂價法無法滿足這家公司的需求，必須改變訂價理念，才能真正發揮企業潛力。

競爭者基礎訂價法

　　競爭者基礎訂價法相當普遍，並且可單獨使用或是和其他訂價法合併使用。基本上的做法是，詢問競爭對手針對同類型的相似產品如何收費？因為公司可能試著揣摩顧客觀點，所以認為顧客會比較現有選項，而其中一個關鍵的比較項目就是價格，因此公司會依照行情來設定價格。換句話說，會依照其他競爭者選擇的價格來斟酌訂價，但這麼做時並未考量這些價位是否有可靠根據，或只是任意訂定。

　　儘管競爭者基礎訂價法被譽為符合商業性質的做法，但是也潛藏一些問題。其中一個問題是，並未關注交易各方獲得的價值，如果顧客獲得的價值遠高於當前訂價結構中認定的價值呢？還有另一個問題則是，這種方法假定競爭對手和顧客都是會做出理性決策的理性行為者。近期有不少行為經濟學研究，還有實際顧客做決策的情況，反映出事情往往並非如此。

　　競爭者基礎訂價法也受到我們在第4章看到的價格散布圖印證。在做散布圖練習時，一個挑戰是要評估隨著績效軸變化，特定產品要落在哪裡。如果產品不易比較，狀況無疑會雪上加霜。同理，採用競爭者基礎訂價法的另一個挑戰則是，如果產品差異化程度很大又要如何比較？

　　新創公司和高成長企業有另一個常見的問題是，創業者往往認為比對手低價就能成功。換句話說，他們認為只要「便宜一點」，生意更容易變好而坐收成果。本書之前談過這麼想會遭遇的危機，在某些產業中，利潤率可能很高（研究顯示，存續時間通常不算長），而對手獲取大量利潤，所以削價仍可帶來成長，這可能是因為運氣好，而不是判斷得當。然而對多數產業而言，事情並非如此，而且削價競爭的對手執意而為，會讓利潤低到產生危機。更何況長期下來，恐怕會觸發價格戰。戰況越來越激烈，能倖存的公司少，更別說能生意興隆了。

企業市場中的價值基礎訂價法

在多數情況中，較好的策略是把價格連結到顧客價值。價值基礎訂價法把價格連結到顧客能享有的好處，詢問的問題是：「能給客戶什麼價值？」然後從中抽出一部分來收取合理價格，剩餘的都是顧客價值。

把顧客價值想成是開啟一道取得各式各樣有價值做法的大門，並能夠良好分析顧客購買環境的實際情況，也就是他們會如何做決策的根據。

典型的價值基礎訂價法會比較兩種情境，看看產品創造什麼價值。第一種情境是基本情況，也就是顧客沒有使用提供的產品；第二種情境則是讓顧客使用產品，並詢問他們現在獲得什麼好處。理想上，這種情境中的好處可以量化。量化結果通常會以金錢或數量來表示，好比顧客使用產品後，生活改善多少？通常在B2B裡，會是使用產品節省的成本，又或是因為使用產品，能在銷售上賺取多少額外利潤。

這可以想成是價值的蘋果派，是在整合式「雙贏」交易中產生的價值。一旦知道能增加多少價值，而有了一個數字，就可以把這個價值分給你自己和顧客。分法隨著每個產業而有所不同，例如在B2B服務和軟體業，一般而言，供應商獲得的價值在15％到25％之間，而採購方獲取的價值則在75％到85％之間，供應商留存的15％到25％價值就稱為價格。然而，實際價值的高低要視該產業的經濟結構決定，在

特定產業裡通常會有一定的標準。

　　值得注意的是，這項分析容易在販售對象為企業（B2B）的情況下進行，而販售對象是消費者（B2C）時，難度則會較高，因為消費者在決策方面的理性程度不如企業。此外，也因為消費者獲得的好處在較複雜的產品類別中常為無形的性質，像是情感價值，因此比較難以量化。但價值基礎訂價法仍是值得追尋的好目標，它需要做的分析能提供豐富洞見。

範例

為100萬美元機件訂價

　　假設有一家公司創造出一個新的「機件」，能為顧客帶來100萬美元的價值。也許這個機件獨特又具有創新性，可以節省很大比例的燃料成本——對一般顧客而言，相當於100萬美元。如此一來，公司創造能替顧客帶來價值為100萬美元的新「機件」，而且沒有競爭者或替代品，該機件的合理價格會是多少？

　　許多人會說50萬美元，也就是把100萬美元的價值算成一個「蘋果派」，用50：50的比例與顧客平分。在這個情況裡，供應商保留半個派成為價格，另外半個派則分給採買機件使用的顧客。有些人會認為理性的顧客願意接受價格訂為99萬9,999美元，因為

126

還是可以獲得1％的價值，不過這並未考量到採購與學習新機件用法需要耗費的工夫和時間成本。各個產業與市場狀況不一，在多數情況下，公司會在這個新創造的價值中，索取15％到25％為價格，所以在這個例子算成25萬美元。

現在，再增添一些資訊。如果會計部門回報這個機件的製造成本為900美元，你現在應該向顧客收取多少費用？同樣地，假設沒有替代品或競爭者。

答案當然不變，一樣是25萬美元。在這種競爭者和替代品不存在的情況下，與顧客所能獲取的高價值相比，生產成本這麼低並不會造成影響。

這是一個過於簡化的範例，忽略有競爭對手和替代品的情況，但還是傳達出重點。很多公司就錯在沒有弄清楚價值創造、價格，以及成本之間的關聯，還有要不要在這幾項之間建立連結。

價值基礎訂價法是一個關注價值創造增加幅度的整合式方法。整合式價值創造假設銷售時產生交易價值，如果交易破局，雙方都會蒙受損失。經調查後，促成銷售案外加實現解決方案，這件事創造出價值，有別於分配式的零和交易。對後者而言，整個交易過程前後都不會增加價值創造的幅

度，只是把價值在雙方之間做「你多我就少」的分配。

由此可見，價值基礎訂價法的一個關鍵在於，評估和盡可能設法增加顧客價值，以擴大整個派餅的大小，能帶來更多價值和尊榮級價格。

消費者市場中的價值基礎訂價法

價值基礎訂價法在消費者市場中也一樣強大，不過採用這種方法遇到的挑戰卻不太一樣。在企業市場中，可能較容易計算使用某產品比其他產品多出的財務優勢，但在消費者市場中則較不明朗，原因有二。

第一個原因是，一般消費者不是計算機器，做出的購買決策不如公司聘用專業採購代理人般能精細評估。許多消費者反而是憑藉直覺購物，又或者廣義來說，是採用康納曼《快思慢想》裡所說的系統思考法。系統分成兩種：系統一（System 1）思考是快速而憑藉本能驅使的直覺，與系統二（System 2）有所區別；系統二思考速度較慢，有意識且重邏輯。康納曼指出，本能的系統一主掌多數決策，讓人備感驚訝，這也在某種程度上解釋很多消費者會做出非理性購物決策的原因。

此外，一般而言，消費者不會詳盡研究各個選項來盡可能放大價值，因為他們處理資訊的能力有限，只要夠滿意就會停下腳步。諾貝爾獎得主司馬賀（Herbert Simon）創造出

「滿意即可」（satisficing）一詞，就是指這個概念[3]。

第二個原因則是，今日價值最高的消費者品牌能有優異價格和利潤表現，仰賴的是在供給產品傳遞無形價值，包含安全感、情感價值，以及其他B2C品牌常會運用的相關「感性要素」。以訂價的觀點而言，較難直接使用量化方式來衡量這些無形要素，而是必須用偏向質性的方法。

當然，價格也是績效或品質的強力指標。如同我們會在下一章所見，證據表明消費者普遍認為價格越高，表示品質越高。

無論如何，價值基礎訂價法在消費者市場的效果極佳，也符合傳統所說的4P行銷。訂價最好要搭配整體產品與價值提供的規劃。一般來說，產品服務的感性內容和其他無形要素越多，價位也就越高。

範例

Seedlip 飲品找到價值定位

英國公司 Seedlip 是成功棄用成本加成訂價法的例子，該公司萃取植物成分，經過六週的浸漬、蒸餾、過濾及混合流程，生產出非酒精特調[4]，這家公司一舉用非酒精替代品，在各式雞尾酒中替代琴酒。

既然競爭對手是傳統的含酒精飲品，Seedlip 要怎麼為這種非酒精特調定位？從傳統角度來看，Seedlip 的飲品所含成分更少，而不是更多。

就價格而言，知名琴酒品牌通常會對每瓶 700 毫升的酒收取 15 英鎊到 20 英鎊的費用。高檔品牌琴酒的價位更高，通常為每瓶 700 毫升 30 英鎊到 35 英鎊，而平價琴酒的價格範圍則在 10 英鎊到 15 英鎊之間。

此外，英國針對 700 毫升的瓶裝含酒精琴酒，課徵的消費稅為 8.05 英鎊[5]，該費用包含在琴酒零售價中。相較之下，Seedlip 無須負擔此稅，因為產品不含酒精。

你覺得 Seedlip 應該如何設定價位？

事實上，Seedlip 一般零售價為每瓶 700 毫升 22 英鎊到 30 英鎊。

Seedlip 沒有公開生產成本，但是明顯比其他含

酒品牌多節省8.05英鎊的稅金。即使能省下這一筆，這家公司的價位也不亞於酒精飲品，甚至有時候比某些傳統琴酒還高。

這顯示該公司對價值主張有足夠的信心，消費者評論反映他們在產品中看見價值，並表示能有無酒精的雞尾酒特調，既在社交場合上體面，味道也好喝。這種產品的尊榮級表現讓它獲得認可，成為傳統含酒精琴酒的替代選擇。

Seedlip是公司使用價值基礎訂價法的好例子，訂價採用的根據是價值，而非成本加成。

用以建立情感價值的工具

建立品牌

英國特許行銷協會（Chartered Institute of Marketing, CIM）將品牌定義如下[6]：

> 「……品牌是企業所代表之一切象徵，包含給顧客的承諾，以及更受注重的是實際傳遞的內容……」

品牌行銷是為提供產品在單純功能層面之外，創造真正的價值，類似第4章提到的不同瓶裝水產品——水分子完全相同，唯一差別在於品牌行銷時的包裝，價差卻達600%。

在古典商業理論裡，其中差異有一大部分在於品牌及其傳遞的情感價值要素。以尊榮級價格產品而言，道理就像蛋生雞，雞生蛋——顧客真正肯定品牌的價值，是發生在所示價格傳遞出強烈訊息之前或之後？這或許會是哲學面的爭論，但是從所有價位來說，綑綁在一起的品牌和價格無疑可以傳遞出強烈的訊息，並建立認知價值。

因此，能有機會利用品牌對傳遞情感價值的角色，創造出超越有形或功能層面之上的價值。

創造品牌及產品的價值

貝恩策略顧問公司（Bain & Company）創造出幾個實用要點，並刊登於《哈佛商業評論》，指出如何在價值金字塔階層中為顧客創造價值[7]。

這個金字塔類似亞伯拉罕・馬斯洛（Abraham Maslow）知名的需求層次理論（hierarchy of needs，參見圖6.3），研究8,000名消費者和50家相關公司，強調出能「取用」哪些要素來創造認知價值，這對考量如何擬訂傳遞訊息和產品優點時特別有用。

這個金字塔共有四層：

- **功能層面**（Functional layer）：屬於價值傳遞的最基本要素。位在金字塔底層，卻是重要的價值來源，包含省時、簡便、賺錢、減少風險、整頓事務、整合、聯繫、省力、避開尖峰、降低成本、品質、多樣性、賞心悅目，以及提供新知。

- **情感層面**（Emotional layer）：在「功能層面」的上層，集結情感價值要素，通常從各式多樣的來源提供價值，包含減少焦慮感、犒賞自己、懷舊感、設計和美感、象徵價值、健康、療癒感、趣味與娛樂、吸引力，以及可取得性。

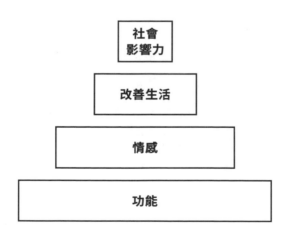

圖6.3　品牌價值金字塔階層

- **改善生活層面**（Life-changing layer）：雖然隨著金字塔往上，數量也跟著變少，但這些要素也透過成就感，或是給人樂觀想法、親近感等，提供強力的價值感。這些要素包含帶來希望、自我實現、動力、傳承、親近感與歸屬感。

- **社會影響力層面**（Social impact layer）：這一層唯一的要素是自我超越，這個層次可以改變世界，促進消費者實踐這一點能增加價值。例如，每次顧客購買時，就會觸發一件好事，像是種一棵樹、援助貧窮人士，或是做出慈善捐獻。

　　如果你想要詳細探索每一個要素，在書末注釋提供連結8。

　　使用這個金字塔來評估蘋果iPhone的產品服務時，就功能層面而言，這支手機有行事曆與「待辦」清單功能——幫助使用者整頓事務，並透過各種通訊方式聯繫人的感情。機型、規格及價格具備多樣性，以滿足不同的顧客，而且製作精良，品質高。iPhone在連結網路等生產力方面，能為使用者省時，而且一機在手，也能夠省力。

　　就情感層面而言，iPhone透過十分豐富的網路商店應用程式與遊戲提供趣味和娛樂——蘋果率先開發如此大型的應用程式商店。在同一產品類別中，價位通常數一數二，也有象徵價值，或甚至如同一種派頭，是彰顯身分的產品。

iPhone在實體設計和圖形介面上都很出名，讓顧客因為擁有與使用該手機而感到滿足。

　　就改善生活層面而言，顧客會覺得自己是蘋果社群和生態系統的一員，有時候這又稱為「圍牆花園」（walled garden）。該產品提供蘋果專用的平台如Airdrop與Facetime，鼓勵人們說服親朋好友也入手同樣的系列產品，一起使用這些功能，帶給他們親近感與歸屬感。

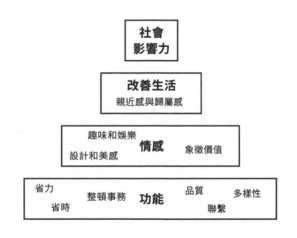

圖6.4　蘋果iPhone的品牌價值金字塔階層

　　因此在上述的iPhone分析中，可以看成它已經超越單純功能的要素〔與多數競爭者的相似點（Points of Parity, POP）〕，而是透過感性和改善生活的要素來傳遞重要的情感價值。

使用價值基礎訂價法

　　一個有用的練習是，以數目來估算你的產品產生的價值。如前所述，這種量化的方法會因為產品類別不同，分為適用和不適用，但是比較「前後變化」，對所有產品都有用處。

　　如同前述提及，需要執行幾個步驟：

1. 第一個步驟是要描述和盡可能估算出沒有使用你的產品的情況——當前行為是什麼、有多少能節省卻耗費的成本，以及遺漏哪些收入機會或是機會成本（opportunity cost）[9]？

2. 第二個步驟是重新評估使用你的產品帶來價值的情境。

   (1) 以增進銷售的機會而言，最適合使用右欄，中間欄位則可以不用。

   (2) 以節省成本的解決方案來說，中間欄位可用以列舉現時成本（節省之前），而右欄可以填入降低後的新成本，並且計算出淨值的差別。

3. 接下來，估算創造的整體價值淨值（價值的增加），然後從中取出適當比例設定為價格。

	未使用產品的情境： **當前行為**	使用產品後的情境： **新行為**
收入		
收入	i. ii. iii.	i. ii. iii.
成本		
成本	i. ii. iii.	i. ii. iii.
創造的 價值淨值	i. ii. iii.	i. ii. iii.
新定位		
80%由 顧客保留	元	元
20%的 價值淨值 （如價格）	元	元

這個練習的重要概念在於「前後變化」，如果你可以描述出兩種情境和兩者彼此之間的差異，就能準備計算你產品的價值。進行這個練習時，務必考量顧客觀點，站在顧客的角度──他們怎麼想、能取得什麼價值、成本和機會是什麼？一旦估算出產品創造的「價值蘋果派」後，就可以決定要怎麼分給你和顧客（或是配銷商等其他利害關係人）。

　　實例很有效，在這個簡化的範例中，新情境的價值是由新的收入機會所產生，但是也能把同樣做法套用在節省成本的估算。

　　　最近，我和一家新公司合作，該公司為南非農夫生產培育蘑菇的環境，又稱為「蘑術」（MushMag）。這些農夫通常有一塊小土地，用來在四季中種植各種作物。然而農夫有些時節會較不繁忙，因此有機會種植額外的高價值作物。蘑菇是具備潛在吸引力的次要作物：需要的空間相對較小，而且市場價格通常較高，因為目前非洲多數的蘑菇是從進口而來。

　　　這家公司販售一種新科技——培育蘑菇的「帳篷」，是以回收材料製成的圓屋，寬約1公尺，上方裝設太陽能板來供應裡面的溼度管控系統。這個管控系統確保蘑菇能獲得最佳的培育環境。該帳篷還附送培訓教材，加上菌絲種子和必要耗材。

　　　一般農夫平均每年使用每個圓屋的經濟效益例子如下：

- 經營蘑菇圓屋的勞動成本——20美元
- 材料和耗材的成本——30美元
- 每年蘑菇賣給批發商能產生的價值——375美元
- 作物的運輸成本——5美元

　　因此，保守假設圓屋的使用壽命是一年（通常能用更久），一般農夫可以獲得375美元收入，再扣除20美元勞動成本、30美元的材料費用，還有5美元運輸費用，計算出每個圓屋獲利320美元。這是新裝置創造的經濟價值，採用典型B2B的20%比例，表示這個圓屋的價格訂價應該是64美元。

　　從另一個角度來看，製造圓屋對應到320美元的「價值蘋果派」，以80：20來分割。事實上，該家公司預估製造成本約為20美元，所以這個64美元的價格，表示有良好利潤率幫助公司成長。相較之下，用成本加成法決定的價格，如果是成本20美元外加100%的加價，就只有40美元。

　　價值基礎訂價法的另外一個主要優點是，能將產生的價值向顧客解釋，把情況交代清楚，所以320美元的價值淨值（利潤）非常合理。

	未使用產品的情境： **當前行為**	使用產品後的情境： **新行為**
收入		
收入	0美元	＋375美元
成本		
成本	無	－ 20美元勞動 － 30美元耗材 － 5美元運輸
創造的 價值淨值	0美元	＝320美元
新定位		
80%由 顧客保留	0美元	256美元
20%的 價值淨值 （如價格）	0美元	64美元

了解顧客的參照點

　　前面100萬美元機件的範例忽略競爭者和替代品，但是當然顧客通常會拿現有替代品來比較，無論是近似的等同之物，或廣義而言的替代解決方案。

　　事實上，研究顯示顧客通常會依據參照點，將替代品界

定成更好或更差，而不是直接與絕對的數值相比。換句話說，顧客不會「精準」用絕對的標準來衡量價值，而是要用外部參照點，來找出某個定位的相對優勢與弱勢。

在這麼做時，顧客會運用過去的經驗、對替代品的認知，以及或許最重要的一點，也就是當時是否有其他選項的情況。

因此，許多企業在設定價格時會考量：這些參照點為何，以及能如何影響或控制顧客的參照點？如果有辦法控制或影響參照點，顧客對於價值好壞的精確度也會偏移。

有一個常見例子是一般餐廳。餐廳了解很多人不會購買菜單上最便宜或最貴的菜色，因此餐廳的控制權偏高，因為能自己設定上下限。酒單是一個好例子，很多人不會購買最廉價的酒，而加入高價酒後，就算那些酒都賣不出去，也可能會把平均消費的價位確實提高。這個稱為「中間價格的魔力」（magic of the middle）的效應是一種定錨效應，也就是在沒有其他資訊的情況下，以參照點的相對位置來協助決策，好比當人們不知道要選擇什麼時，就會選擇中間的。

我看過另外一種招式，或許並不相關，是移除價目表裡的貨幣符號，因此5美元（$5）只會顯示5，或是10英鎊（£10）只會顯示10。這種方式看起來可能是為了「趕流行」，但是也有研究人員表示，移除貨幣符號會讓消費者比較沒有「金錢感」。

利用拍賣決定價格

還有很多其他的方式，讓價格符合顧客認知的價值。有一個好例子是拍賣，拍賣有四種經典形式。

英式拍賣

在英式拍賣（English auction）中，有一個賣家和多個買家。買家往上出價，由出價最高的人得標，因此價位反映出該競標者認定的價值高於其他競標者（但也有可能只是超出其他競標者目前的預算，才無法出更高價）。

注意：有一個現象稱為「贏家的詛咒」（winner's curse），指的是有人太過執著於得標（一種沉沒成本），而支付過多的金錢。一個簡單的常見例子是，一位同事把一張面額為220英鎊的品牌禮物兌換券放在eBay拍賣，結果以237英鎊售出，或許買家就是在競標過程中「情不自禁」這麼做。

荷式拍賣

在荷式拍賣（Dutch auction）中，有多個賣家而只有一

個買家。賣家會出更低的價格來爭取生意，使得價格下降，由出價最低的人得標。顯然會有一個風險是訂價過低，而在最後結算時賠錢。

密封式拍賣

密封式拍賣（sealed bid auction）與英式拍賣類似，但是在某段期間內，會用單次密封的方式進行祕密投標，得標者通常是提出最佳價格的人。

這種版本的荷式拍賣常用於多個採用標案形式的產業，不過通常價格只是決定最終決策的其中一個面向。

雙重拍賣

在這種雙重拍賣（double auction）的類型裡，有多個賣家和多個買家，而拍賣行會隨著供需變化設定價格。這種拍賣的例子，包含以股市「造市者」（market maker）和軟體來輔助每次交易中的價格決定方式。

避免價格競爭

你可能想要詢問：競爭者和競爭策略是什麼呢？如果削價使得價格低於其他競爭對手，需求本身可能沒有改變，但卻可以因此取得原本其他品牌會得到的交易。有時候聽起來

沒錯，但削價的預設情況是產品完全相同，這一點可能不盡然。此外，這個想法還預測顧客在意標價變化大於其他因素，例如決策帶來的其他交易成本。然而，以削價競爭來贏得交易也很可惜，因為不僅會減少重要的利潤，還會引發價格戰，使得最弱（通常是規模最小）的公司破產。

事實上，很多公司和產業努力避免價格競爭。一般來說，價格壟斷是違法的行為。競爭品牌之間直接聯合起來，決定價格或是競爭的其他要素，受到美國、英國及歐盟的反托斯拉法嚴格禁止，違者將受到嚴懲，甚至可判處徒刑。不過，這並不表示公司沒有合法手段可以避免價格競爭。

看看下列的顧客「福利」，你認為這對他們來說真的好嗎？

- **飛行里程**：乘客能免費獲得飛行里程，累積夠多後，可以用於飛航或換取其他產品和福利。
- **店家集點卡**：在顧客購物後給予點數當作獎勵，點數通常可以用來買其他東西，包含在同一個店家或是其他商店。
- **買貴退差價**：這種保證等於是「比照價格」（price match）。如果顧客在其他通路找到更便宜的價格，原零售商就必須比照該價格，確保顧客買到的價格最划算。

事實上，以上三種都是用來避免價格競爭的高效手段。

換句話說，這些方法可以避免給予消費者低價——可以說其實這對顧客並不好，因為最後的結果是他們平均而言會支付更多錢。

飛行里程

飛行里程是針對在某家航空公司付錢購買機票，提供的免費回饋。一旦在該航空公司獲得夠多的里程數，即可兌換免費航班或升級方案等。當然，一旦開始在某家航空公司蒐集飛行里程，就沒有道理分散到不同航空公司購買，因為這樣會更難達到里程門檻，甚至可能永遠用不上（某些里程數沒有使用，一段時間就會過期）。實際上，飛行里程降低消費者逛網站尋找最便宜機票的意願，因此降低航空公司之間的競價需求。更熟練的飛行常客可能會蒐集兩到三家航空公司的里程，並把消費集中在這幾家航空公司，然而限縮他們購買對象的直接效果仍然存在。

店家集點卡

先前提到特易購的例子，它是英國率先採用店家集點卡的賣場先例。集點卡的概念類似於飛行里程，讓消費者依據消費金額「賺取」點數，買越多，賺越多點。如此一來，集點卡會讓消費者只去一家超市，又或是把預算分配到幾個店家，就像飛行里程那樣。集點卡給賣家的一個附帶好處是，

可以獲取消費者購買行為的極寶貴資訊，接下來用來建立顧客素描（customer profile），以推出鎖定的服務內容，藉此提升整體消費。事實上，這些店家集點卡蒐集的資訊，可能價值高於避免價格競爭的作用。

買貴退差價

這類做法保證店家的價格不會輸給別家，萬一顧客找到其他店家賣得更便宜時，原店家就會比照同樣價格販售。這種做法能強力「傳遞訊息」給其他店家，以避免價格競爭，告訴這些競爭者，就算降價也沒用，因為它會比照價格販售，所以便宜賣也無法取得優勢。因此這會減少商家的降價行為，整體而言，消費者最後會支付更多的錢。

讓顧客難以比價

各公司用以減少降價競爭的另一個方法是，讓消費者更難「到處比價」。其中一個方法是，以搭售方式販賣產品組合，因為每個品牌的不同組合方式，會讓顧客無法直接做比較。搭售組合不見得都是實體性質，有時候則是每個店家提供不同付款規定或不同保固期間。例如，倘若某家零售商為所有產品增加一年保固，一般消費者就很難用金額來計算產品價值，所以會更難做比較。

針對電器和大型家電這類消費品，有一個常見的銷售

招數是，大型零售商會為某產品自創獨特的產品型號（或貨號），替換製造商的標準型號，因此消費者就無法輕易快速上網比價。消費者必須深入分析各項功能，這對一般消費者來說不易實行。這一招也讓消費者難以「展場看，上網買」，也就是在傳統商店逛完產品後，再上網搜尋最低價的相同產品購買。

同樣地，當消費者到實體店家購買商品時，通常難以比較產品特色。以洗衣機為例，因為機種形形色色，功能都很類似，所以難以詳盡比較。況且零售商不會在每台機種的資訊卡上呈現出同樣特色項目，也就是列出機種規格，以利彙整比較，可見難度會有多高。當然，這種現象通常是刻意安排的。面對琳瑯滿目的選擇，而且衡量單位不一，消費者必須洽詢銷售人員，於是零售商就能控制銷售流程。

先買後付

在某些產業裡，先買後付的服務變得很普遍。線上購物常常會有這個選項，一般是由線上零售商透過第三方服務，等於免費提供信貸給消費者。信貸安排表示消費者能夠多花一些錢，並增加消費者確實完成訂購的機率，比較不會在結帳前取消購物車的商品。信貸服務免費提供給消費者，由零售商買單。

這是為什麼？基本上，「先買後付」可增加銷售額，並降

低季末大拍賣等其他折扣的必要。這也讓消費者比較不容易進行整體比較，像是各零售業者的信貸服務，因此也是減少價格競爭的方法。

公司選擇低成本敏感度的產品

這一點不完全和價格競爭有關，但是先前特別提出的麥肯錫研究顯示，在某些情況下，消費者對某些產品的成本較為敏感，所以高成長企業必須了解特定產品屬於哪種類別，做出適當的訂價決策。

提高差異化

最後一個值得一提的做法，是公司會提高差異化來減少價格競爭風險。如果各公司的產品相當不同（具備差異化），顧客就不容易拿來和其他產品比較。換句話說，如果一個產品獨特，因此帶來價值，在選擇要購買該產品或他牌產品時，就比較不會以價格為主要考量。

創造組合商品與增加情感價值

我之前有幸見到迪士尼（Walt Disney）心理部門的員工，詢問他們如何看待顧客價值。該部門通常肩負使命，要為迪士尼樂園的顧客帶來最大價值，需要解決的問題，包含控管

樂園人流，以及安排適合的排隊系統，讓顧客不會退避三舍，能感到快樂。

他們其中的一個安排是為激流勇進留影訂價，你或許知道激流勇進是水上雲霄飛車，把船上乘客載到瀑布高處，讓他們衝下滑水道，來到下面的水池裡。這個設施的高潮在於船身入池時，浪花會衝向前排乘客，所有乘客都會一起尖叫出聲，同時有一個攝影鏡頭會捕捉船身入水那一刻的乘客模樣。

當乘客從船身中爬出，扯著有些溼答答的衣服，從出口側出來，這時候螢幕上會出現可供購買的入池照。在這個例子裡，照片要價21美元。或許大家可以理解，在這個本來就價格不便宜的場景中，這個服務偏向高價位，因此購買率非常低，只有一小部分的遊客會買下照片。

心理部門被找來幫忙，他們的第一個提案是讓眾人自行決定價格，但是第一次嘗試的結果，價格只有99美分，太低而不可行。於是，它們另外採用創造價值的方式，價格設定為3美元，再加上給當地慈善機構捐款的3美元，因此總價格為6美元，其中有一半是善款。結果銷售表現優異，轉換率很不錯。

在這個好例子裡，組織了解顧客心理。如果你去過迪士尼樂園，就會知道入場券票價並不便宜，進去之後也會注意到食物等價格也都是尊榮級，因此這種顧客定位大概都會意識到要付出比較多成本。新推出的3美元加3美元捐款表示，有些人喜歡照片，但是礙於價格而買不下手，而現在有

一個道德崇高的理由來購買。雖然他們可能不接受6美元，但是在一半會捐贈慈善機構的情況下就能接受。這個例子充分展現，在基本情況下再加價可以增加價值。注意：迪士尼樂園最近增添新設計，付一次錢可以獲取整趟旅程拍攝的所有數位影像。

其他組合販售的例子，還有餐廳販賣固定價格的三道菜色套餐、電信業者推出電視、電話及網路三合一的套餐優惠價，這些方法都讓人更不容易比價。

另一種組合販賣是利用犧牲打商品：噴墨印表機製造商用半買半相送的方式販售印表機，因為他們主要的獲利是來自墨水匣。同樣地，電玩遊戲機製造商也用低價販售遊戲機，因為可以透過賣電玩遊戲獲取高利潤，而且一旦消費者加入這個平台，競爭就會變少。

沒有獲利空間的顧客

利潤的重要性往往比收入來得大，不過也有幾個特殊例子並非如此。

其中一個是在市場上「占地為王」的現象，在兵家必爭之地，最快稱霸者可以保留市占率，並能長期立於有利的位置。其中一個例子是網際網路早期，蓬勃發展大約是在1995年到2000年間，這時候網路公司無一不汲汲營營地想要掌控

使用者和市占率，以鞏固長期地位。亞馬遜花費特別長的期間等待就是一個重要例子，當時它開誠布公要犧牲短期的利潤成長，以求長期市占表現，而這個策略確實奏效了。

另一個利潤反而較不重要的例子是初期產品驗證試用，或是市場驗證試用。這時候（通常是科技公司）希望顧客能掏錢購買早期產品，並在真正買賣交易的過程中，驗證它確實有足夠的吸引力，在市場上能獲得認同。因為推出的是早期產品服務，或是因為仰賴的科技尚未發展出規模經濟，因此暫時的高成本會使得利潤為負值。在這種情況下，讓早期採用者願意買單並使用新產品，此時比獲利能力來得重要。

然而在多數情況下，利潤的重要性高於收入，因為利潤可以再投資於能增加價值的活動，促使企業成長。收入可以當作成功事蹟的一環，但是收入本身並不保證能替企業帶來更高利潤、更高紅利及更多現金流。

一般而言，20％的顧客會帶來80％的利潤，而20％的顧客則會讓公司賠錢，這是從所謂的帕雷托特性（Pareto characteristic）而來，也就是指企業或甚至人生中各層面的八二法則。

如果有20％的顧客讓你賠錢呢？一個可能是因為他們耗費你和員工的時間，假設他們棘手又難纏、回覆慢吞吞、不斷要求變更和調整，就會因為耗費員工的時間，比你預想得更無利可圖。

同理，假設顧客造成你無法專心做生意、東拉西扯把公司搞得暈頭轉向、要求別人沒有要求的客製化、想要有特殊的互動模式，就可能會使公司無法專注於擴大成功的商業模式。

產品退貨率高也可能導致顧客害你賠錢，儘管一開始的銷售交易看起來有獲利，而會計系統也顯示如此，但是經過產品退貨、重新理貨上架，並處理「退修品」的成本加總後，實際上卻有所虧損。這是電商公司普遍的問題，在退貨率高的服飾類型最常見，特別是提供免費退貨的情況。

在上述這些情況裡，結果會導致利潤表現低落，或甚至在計入真正隱藏成本後，利潤變成負值。還有如同前述，成本加成訂價法的問題在於假設確實掌握當前的真實總成本，但是實情通常並非如此。

除非有策略性理由來保留這些賠錢的顧客，否則理智的做法就是排除他們。要拒絕生意聽起來令人難以割捨，也迥異於一般認知，但事實就是排除這些顧客後，會讓你和團隊及工作環境更有生產力，多出來的這些時間與精力，可以轉而用於探索並實現新的機會，期待更能獲利。

審視內部並關注市場

另外，成本加成訂價法潛藏的最大問題，或許就是鼓勵公司朝向內部而非外部檢視。這個方法通常會使公司審視內

部，反思自身的成本結構，以及要多少收入才能獲利。但是，其中有很多企業最好要檢視外部環境、觀察顧客，並盡可能更仔細了解顧客的歷程，因此更明白顧客，以及如何為顧客的生活增加價值。

所以，採用成本加成的公司傾向審視內部，而不夠關注市場，這些公司通常沒有注意到機會，只專注控制成本，以及提升經營工廠的效能。

這兩種思維截然不同，一個是注意員工和內部流程，另一個則是隨時增進對顧客和市場的了解。在多數現代經濟體與新產品類別中，發掘顧客價值是企業的一大潛在優勢。關注這些優勢，並找出新機會推出新產品、新服務，還有提升顧客的生活，不僅是短期讓企業成長的好方法，還能顧及中長期的表現。

成本加成訂價法分析是否有用？

如同本章開頭所言，有些產業常規是要對客戶「公開帳目」，這種情況是客戶約束供應商要提供所有的成本，並由供應商套用雙方同意的「加價」來獲取利潤。這時候成本透明公開，使用成本加成便是理所當然。值得多注意的是，以代工生產這類情況而言，通常也有機會在合約期間改善成本，只要能依照約定遞交成果，就能成為供應商重要的價值

來源。

也有一些法規要求高的產業，例如認證航太零組件的供應。公司採購航太部件後，放入庫存，然後依照雙方同意的加價金額（以利供應商支付成本並獲利），販售具備適認航證的零組件。這套流程對於注重安全的產業，優勢在於零售商沒有誘因冒險取得較便宜的零組件，因為顧客會支付商議好的加價金額，足以負擔合理範圍內的任何成本。實際上對零售商而言，引進的部件越昂貴，單位利潤就會越高。

另外，要特別說明的是，成本加成分析在企業扮演重要的角色，即使非關訂價方面。在做商業分析和管理記帳時，還是很需要了解哪些產品可以獲利，以及哪些產品獲利能力相對高或低。因此，從成本會計、預算控管及衡量的角度來看，必須了解這些利潤和成本，因此這類型的分析也有作用。

在本章中，我指出以顧客為中心和重視顧客價值的思維方式有何重要，也解析替代做法，並且說明常會用到的招數。我們會在下一章進一步延伸探討，並挑戰一些常見的假設。

本章摘要

- 傳統的成本加成訂價法不再能應付眾多今日的挑戰。成本加成誤以為能精準衡量成本，而且未能考量顧客的觀點。

- 價格必定要連結到顧客價值，這能帶來各式各樣實用性高的做法，還有對於購買環境的良好分析。競爭情境也能用來當作有用的參考。

- 務必知道哪些公司交易是整合式或分配式，以了解其在價值創造和分配上的角色。

- 另外，除了能用於「理智驗證」外，生產成本不該影響訂價決策。

- 公司經常會操控顧客的參照點，並運用情感價值等諸多方法，達到特定的訂價結果。

考量要點

價值「派餅」	價值基礎訂價法
你們的互動屬於整合式或分配式？確切狀況為何？如果是整合式，要如何增加整個價值派餅？如果是分配式，要如何獲得較大一塊？	執行價值基礎訂價法練習。這與當前訂價決策與策略相比有什麼不同？
	無利可圖的顧客
	你的哪些顧客無法讓公司獲利？要如何「送走他們」？

本章練習

使用價值基礎訂價法。

為什麼他的商品可以翻倍賣？

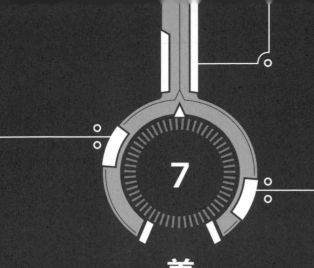

7

善用價格背後的非理性決策

　　創業者和企業領導者想要有能力做出更多恰當的訂價決策，通常都會需要修正原先對訂價的假設，這些假設包含：

- 顧客價值從何而來──這些往往並非顯而易見。
- 顧客決策方式如同他們本身的決策方式──有些創業者與領導者往往認為其他人的思維和自己相同，但是通常並非如此。
- 顧客是同質團體──實際上，顧客分成好幾個不同的區隔，並且因為需求和習性差異，而有相當不同的顧客素描。

　　要修正以上假設，可以注意新的參照點，以及某些研究和新科學對顧客行為背後真正意涵的發現，而這正是本章的主要目的。我們已經觀察到許多以同樣方式製造的產品，販售價位相當不同，會繼續延伸探討這個發現。有些陳述或結論聽起來不符合一般認定的想法，甚至會覺得很離譜，但是必須好好正面了解這些想法，並且關注證據。

　　把銷售當作一門學科來研究，時常會有同樣的狀況，就是並非所有機會都適合每家高成長企業，因此要評估自己的企業適合什麼。

　　還記得第4章的價格散布圖嗎？該章顯示，即使許多產品實體和功能方面完全相同，價差卻極為巨大，還有另外一

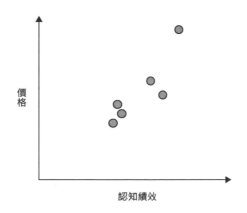

圖7.1 　一般產品類別中的各種價位

件令人出乎意料的事。

　　圖7.1顯示很多產品透過在顧客心中取得差異化的表現，因而能有非常不同的價位。不僅如此，詢問從各種選擇中購買更高價產品的顧客得到多少價值，他們會表示自己獲取的價值比購買較低價位產品的顧客來得多。注意，這裡說的是「價值」，而非「金錢價值」，我們將在接下來介紹。

以價格傳達價值

研究顯示較高價格表示較高品質

　　證據表明，顧客在無意識中會把價值與價格連結。換句話說，某樣物品的價格越貴，表示品質越好。若非如此，我

159

們理應見到很多產品價位高便無法賣出的例子，因為品質和其他品牌相比，不太可能等比例增加（每單位價格帶來更好的品質），而實際情況是最貴的產品有時候賣得最好。

當今多數顧客的時間不夠用，而想用捷思法（heuristics），也就是所謂的經驗法則來做決策。其中一個捷思法是把價格與價值連結，如果你是「一般」消費者，花一些時間檢視某些奢侈品類別或高檔產品類別，可能會很訝異某些物品的價格多麼昂貴，貴到讓你不敢恭維。顯然還是有些顧客會購買這些類別的產品——這一點有軼事性證據，因為顧客會購買，想必是會因此獲取價值。

我們來看看某人購買手提包的例子，一個手提包價格是100美元，另一個手提包則是500美元，還有一個要價2,000美元。這些產品都很好看且可取得，讓買方認為這些產品都是有人在購買的可行產品（viable product）。因此簡單的解釋是，500美元的手提包優於100美元的手提包，而2,000美元的手提包又更好了。這個結論完全沒有任何證據或分析，也不知道除了基於價格的推論，這樣說是否正確。

換句話說，軼事性證據表示消費者會把價值連結到價格，也就是說價格越高，品質越好。那麼，在研究中是否有證據表明高價會顯示高品質？

多位學者曾探索價格和品質之間的關聯。斯廷坎普（Steenkamp）的研究[1]觀測413個產品類別中，高達6,580個

樣本，比較各產品績效及其價位。在結論中表示，整體而言，如同第4章所述，即使大眾對廣義來看的價格績效表現有所期待，但是其實價格和品質之間呈現弱相關，不見得是「一分錢，一分貨」。換句話說，對消費者很可惜的是，製造商通常用較高價格販售產品時，並未在品質或績效方面提供相當具體的加強。

斯廷坎普也提出幾個能促使消費者做出更好決策的實用做法，像是讓廣告商直接做出產品比較（在許多國家並不允許），還有消費者教育。

對於差異化大或是複雜的產品，消費者不完全肯定自己所買產品的品質和特性，也常常無法在不同品牌之間做出「商品品質」的比較，因為品牌蘊含著無形價值。研究發現，消費者經常只蒐集少量資訊，就算要付出的金錢極為龐大。購屋是日常生活中的一個好例子，在這種情況下，蒐集客觀資料來比較和選擇住宅花費的工夫，完全不符合採購規模，眾所皆知，多數人會過度在意主觀而相對成本低的層面，如裝潢、美觀的廚房、功能一應俱全的浴室、頂級的大型家電，以及其他生活型態因素。

此外，很多文化潛藏著「一分錢，一分貨」的信念。因此，消費者通常認為高價表示品質好，就算客觀研究顯示事實不一定如此。

研究提供幾個消費者不能肯定產品真正品質的例子，包

含品質非常主觀（像是藝術或時尚）、屬於創新商品（像是新科技），或是在購買前難以驗證的層面（像是「有機」這類認證，以及商品要長期使用才能知曉效果，例如床墊），在這些情況中，消費者可能會找價格等指標來產生品質認知[2]。因此，有很多公司會從這三種類型找出機會，以收取更高價格。

維爾瑪（Verma）和古普塔（Gupta）[3]在研究中發現，以電視機這種耐久產品而言，訂價太低會對產品引發的品質認知造成損害。他們發現，消費者不願意購買低價品牌，而在合理範圍內的高價者則會賦予高品質的形象。然而，他們也明顯注意到價格制定者必須檢視競爭對手的價位，以及目標消費者區隔的購買力。

所以，消費者購買行為會隨著時間而變化嗎？伊坦・格斯特納（Eitan Gerstner）判定，實際產品品質和價格的關係會隨著時間越來越薄弱[4]。

「……先前對價格與品質關聯性的實證研究，作者包含奧克森費爾特（Oxenfeldt，1950 年）、莫里斯和布朗森（Morris and Bronson，1969 年）、斯波華茲（Spoles，1977 年）、雷伊茲（Reisz，1978 年、1979 年）、蓋茲菲特（Geistfeld，1982 年）。以上研究都提到品質與價格視產品而定，並且整體而言關聯性薄弱……」

　　換句話說，研究指出製造商用高價販售商品，不見得等於提供更好的品質，而這一點適用的情境至少可以追溯到1950年。蓋茲菲特本人做的研究，也符合先前所提研究的結論。

　　無法100％肯定這種行為是否會隨著時間增加或減少，但是有些觀察者認同過去三十年來態度有了轉變，或許是因為資訊超載（information overload）越來越嚴重，並且高價通常被用來當作高品質的便利指標，就算客觀而言並不屬實。

> 「難以評估產品的品質時，熟門熟路的行銷人員會把價格設高，傳達出他們在賣優質物品的訊號。這時候你就要花時間做功課，了解品質受到哪些因素影響，因此能買到最有價值而非價格最貴的產品。」
>
> ──萊斯大學（Rice University）
> 烏特帕爾・杜拉奇雅（Utpal Dholakia）[5]

　　此外，根據夏皮羅（Shapiro）[6]發表的研究，購買者會認為選擇高價品牌，就能夠降低選到劣質品的風險，可見很多產品價格對品質的意涵很有分量，原因如下：

1. **便於衡量，因為價格是具體且可衡量的變數**：研究論文表示，在訂價時產品可視為一連串的「線索」，而消費者的任務是以這些線索為根據，評估產品並做出

判斷。因為價格對購物者而言具體且固定（在多數場合中，不太會遇到需要議價的情況），所以會比其他更難衡量的線索更加可信。有趣的是，如果是通常要議價的情況，就不會把價格當作便利的價值指標。

2. **付出心力和滿意度**：消費者對產品的滿意度，至少有一部分取決於獲得該產品付出的心力，因此對消費者而言，花費金錢類似付出心力的概念。某些經濟學家認為金錢是就像把付出的心力儲存下來，所以選擇產品時，消費者考量的是購買後有何感受，花費越多、投入越多，他們就會越喜歡。

3. **講究派頭的訴求**：這是某些人對特定商品和服務因昂貴而認為的尊榮感。有人可能會想要更貴的款式，即使心知其實沒有比便宜的更好，就只是因為貴才挑選。他們希望朋友和鄰居知道自己買了更貴的選項，覺得為了彰顯身分與社會地位，所有東西都要盡可能買最貴的。

4. **風險認知**：因為假設低價產品品質低，擔憂會有陷於不利情況的風險。為了減低風險，消費者會選擇高價選項。

大眾普遍表示付更多錢時品質較高

因此，消費者遇到的情境通常是對特定產品沒有足夠資

訊，經濟學家稱為欠缺完全資訊。儘管欠缺資訊，但是決策過程仍在繼續，所以消費者會走捷徑，用捷思法做判斷。在時間不夠多，或是沒有分析結果和客觀資訊時，這種情況特別常見。簡單來說，消費者沒有足夠資訊判別產品是否較好，所以心中會想著較貴的產品必定品質更佳。

這在某些層面類似強力的安慰劑效應，也就是醫生開立無作用物質給患者服用，但對患者來說卻是真的藥物。吃的是無作用物質（通常是普通物品，像是滑石），他們卻感受到實體的醫療效果，宛如吃了真的藥物一樣，這種效果在無數個醫療實驗中獲得證實。雖然這種現象難以解釋，但是顯示身體的修復機制似乎會因為對「有藥效」的期望，而在沒有吃藥的情況下產生療效。

史丹佛商學院碩士與加州科技研究院（California Institute of Technology, CIT）研究學者普萊斯曼（Plassmann）、奧多爾蒂（O'Doherty）、希夫（Shiv）、蘭格爾（Rangel），在研究論文〈行銷作為可調節神經體驗到的愉悅感指標〉（Marketing actions can modulate neural representations of experienced pleasantness）[7]中，提供不同的酒給受試者飲用來進行測試。

他們解釋，經濟學中的一個基本假設是，使用商品感受的愉悅感應該只會取決於其內在性質與個人狀態。因此，理論上喝飲品獲得的愉悅感只會受到飲品的分子組成，和飲用者的口渴狀態所影響。然而，論文引述先前研究表示，行銷

作為會操控產品非屬內在性質的特性，進而影響愉悅感，例如知道啤酒的成分和品牌，會影響對口感好壞的評論。

在研究中，20名受試者受邀飲用五杯卡本內蘇維濃（Cabernet Sauvignon）葡萄酒，並評論口感好壞，五杯的價位分別是5美元、10美元、35美元、45美元和90美元。這幾杯酒以隨機順序提供，受試者不曉得其中有些酒其實是一樣的──5美元和45美元的酒完全相同（實際價格為5美元），以及10美元和90美元的酒完全相同（實際價格為90美元）。

結果相當驚人，不過現在你也不會太意外了。受試者聽到酒的價格越高，給予的評價也越高。以兩組完全相同的酒來說，針對宣稱價格較高的酒，他們表示更好喝（平均而言，評分幾乎是兩倍高），儘管酒明明是一樣的。

之後受試者再次接受測試，但是沒有獲得價格資訊，對於兩組完全相同的酒給予的評分就差不多──不出所料，畢竟確實是一樣的酒。因此，受試者會因為是否取得價格資訊與價格定位不同，而表示出相當不一樣的體驗。

欠缺易用證據（顯然味覺不算數）時，大腦就會再度接管，並利用價格當作品質的便利指標──那種「要價高必定更高級」的感受。研究也佐證，提供類似產品給顧客時，以價格為主要差異化因子會產生某種價值感。或者如前所述，這麼做會讓顧客更難以比較。

德瓦爾（Deval）、曼特爾（Mantel）、卡德斯（Kardes）

及波斯瓦西（Posavac）[8]在研究中表示，低價有可能品質好或不好，而高價品也可能劣質或優質。不過，顧客通常沒有完整資訊，而會用各種策略來填補空白，來決定要購買什麼產品。研究提出相反的例子，表示消費者可能認為熱門產品品質好，並認為稀少產品也有高品質。因此要謹慎考量平衡，尤其是如果要採用成本領導策略（價格低），因為消費者可能會認為低價就是品質差。他們舉例說明，零售業者傑西潘尼百貨（J. C. Penney）發現廣告宣傳「每日最低價」策略會減損品牌價值，並讓消費者退縮，因為消費者會認為低價等同於劣質。

《哈佛商業評論》裡有一篇文章，名為〈為什麼你的收費應該高於自認值得的價值〉（Why you should charge more than you think you're worth）[9]：

> 「……數年前，作者凱文・克魯斯（Kevin Kruse）在特殊情境中學到理解一個人價值的一課：他要聘請某個人當講者。當時克魯斯在非營利生命科學協會擔任幹部，負責籌辦年會。董事會預想要邀請某位人選擔任專題講者，不過即使克魯斯有3萬美元的預算，還是沒有把握能請動對方，因為對方是《紐約時報》（New York Times）暢銷排行榜作者、有常春藤盟校的博士學位，還是媒體寵兒。
>
> 但是當克魯斯致電詢問時，該作者卻報出令人驚訝

的低價：3,000美元。克魯斯說：『他看起來功成名就，我們願意用十倍價格邀請他。』不過，克魯斯在想這位作者報出的低價是否嚇跑很多人，覺得他一定是講台上的生手。價格通常是品質的指標，你把自己放在低的那一處，就表示對自我價值沒有把握——或是沒有那個價值，這對潛在客戶而言都是警訊……」

　　眾多且持續累積的證據顯示，人們更重視多付錢得來的東西，假設負擔得起的話。這個難以置信的要點表示，當今的人把價值附加在高價上，別無其他。

　　至少在B2B而言，這種現象的一個可能原因在於，顧客直覺認定自己付給供應商的錢越多，供應商就越可能會在未來提供協助、能在商場生存，並開發未來產品和服務。同理，或許人們會有一種感覺是，多付錢表示自己也參與供應商的「故事」，而創造出更深的情感聯繫，如同自己也是其中的一員。品牌行銷和無形的情感價值，也是這種價值主張的重要一環。

「貴得令人放心」

　　舉一個有趣的例子，英國在1991年到2002年流行一種文化：啤酒品牌時代啤酒（Stella Artois）盛極一時的廣告活動。該品牌發起大型且內容豐富的電視廣告宣傳活動，標語

是「貴得令人放心」，很多廣告把時代啤酒定位成匹配得起高價的高級豪華產品。不過，先前其他出口用烈性拉格啤酒（export strength lagers）在市場上屬於普通價位，把該啤酒定位為昂貴款，說明這項產品必定是最高品質又令人渴望——大概是要表示品酒人是成功人士。根據Adbrands.net指出：

> 「……在美國和加拿大也使用類似概念，只不過標語是用『完美有其價』……」

這則廣告和傳遞的訊息極為成功，在播放期間刺激銷售，讓時代啤酒躍升為高級拉格酒的銷售冠軍。值得一提的是，吸引對象不僅是富裕階層，而是各個區隔的客群[10]。這些廣告在2002年的宣傳活動中也獲頒最多獎項，包含眾人角逐的坎城國際創意節（Cannes Lion）[11]。

對顧客測試價位

一個有用而進階的方法是對真實顧客測試價位，好處是在真實情境中測試實際的購買行為，然後從他們身上觀察潛在行為。

《哈佛商業評論》提供另一個例子，顯示公司可以用價

格測試來發現市場動態，並詮釋出真正的顧客行為[12]。

「歐蕾（Olay）研發經理喬・里斯楚（Joe Listro）解釋實行流程：

『我們用 12.99 美元至 18.99 美元的尊榮級價位，開始測試新歐蕾產品，得到結果相當不同。價位訂在 12.99 美元時，反應良好且購買意願也算好，不過表示想要購買的人是大眾市場購物者，很少到百貨公司購物的人會對這個價位感興趣。基本上，我們由低向上提高價格。

價格為 15.99 美元時，意願大幅降低。

價格為 18.99 美元時，意願又再度提升許多。因此，12.99 美元為良好，15.99 美元不佳，18.99 美元很棒。』

團隊發現，價位訂在 18.99 美元時，消費者包含高級百貨和專賣店、折扣商店、藥妝店與雜貨店。這個價位給的訊息恰到好處，對百貨公司購物者而言，產品很有價值但仍極為昂貴；對大眾購物者而言，尊榮級價格表示產品想必比架上的其他產品更出色。相較之下，15.99 美元乏人問津——對大眾消費者而言，貴又沒有足夠的差異化表現；對尊榮級購物者而言，還不夠貴……」

這是真實世界的一個好例子，在眾多情況中，高價有一個「甜蜜點」，讓消費者反應熱烈而增加購買傾向。這種情

況有別於企業經理人的一般認知且難以預料，因此測試市場
不失為發現甜蜜點的一個大好方法。

練習題

設計市場實驗

　　市場實驗非常強大，能夠用來回應原本難以解決
的問題。例如，A/B測試執行方式簡單，能在市場中
回答困難的提問，例如：「這兩個行銷電子郵件設計
中，哪一個比較可能成功？」

　　簡單的A/B測試在兩個方案裡各找一小群顧客作
為樣本，然後測量兩組樣本的結果，更成功的「優勝
者」會用於更大的資料集（data set）中。相較之下，
傳統式的提問會更複雜又難以信賴——分析兩封電子
郵件，並搭配到相應的受眾形象，預測哪一個會得到
較好的回應。

　　市場實驗的設計類似許多人在學校上自然課時，
經歷的實驗流程：

1. **設定目標**——實驗目標為何？
2. **擬訂方法**——要採取哪些步驟來做實驗？有多少預
　 算可用於實驗？

3. 記錄結果——測量蒐集到的結果為何？

4. 結論／發現結果——實驗帶來什麼答案？

　　上述歐蕾的例子顯示，價格測試能發現隱藏的顧客偏好和價值認同類型，但是你可以設計實驗來回答多種不同類型的提問。

　　可使用以下表格來設計你自己的實驗：

	填入下欄：	說明：
設定目標	i.	實驗目標為何？
擬訂方法	i. ii. iii. iv. v.	要採取哪些步驟來執行實驗，並達成目標？ 你有多少預算可以運用？
記錄結果	i. ii. iii. iv. v.	你會如何設定測量流程？ 蒐集到何種測量結果？
結論／ 發現結果		實驗帶來什麼答案？

上網搜尋能發現多個公司做市場實驗的例子，不然也可以依照行銷4P進行規劃——價格（換不同價位）、

通路（換其他通路）、產品（修改產品傳遞訊息或屬性），以及促銷（換不同廣告方法），而上述要素都能調整來測量結果。注意：執行單一市場測試很有用處，但是建立一套系統或流程來因應並執行多次測試，盡可能消除顧客行為和偏好的各項不確定因子，對企業規模擴大與成長會極有助益。

腦部掃描顯示出理性的非理性表現

我們回頭檢視先前提到的史丹佛、加州科技研究院研究：〈行銷作為可調節神經體驗到的愉悅感指標〉[13]。你應該還記得，在測試受試者時，給他們一人五杯酒試喝，每杯酒分別對應到五種隨機順序的價位，並請他們評論飲用的口感好壞。受試者不知道有兩組酒實際上完全相同──5美元和45美元的酒相同（實際價格為5美元），以及10美元和90美元的酒相同（實際價格為90美元）。受試者在沒有取得價格資訊時，無法辨識5美元和45美元的酒，以及10美元和90美元的酒，因而給予相近的分數──可想而知，畢竟酒都是一樣的。相較之下，告知酒的價位時，他們對高價位的酒表示口感更佳。同樣現象也獲得不同研究學者證實。然而，研究的下一個面向更有趣且創新。

研究人員使用功能性磁振造影（functional Magnetic Resonance Imaging, fMRI）和腦電圖（electroencephalography, EEG），掃描受試者在品酒時的大腦，包含兩組他們認為有所差異而價位不同，但是其實並非如此的酒。驚人的結果顯示，在完全相同的兩組酒中，高價位的酒不僅讓受試者表示口感更好，也增加內側眼眶額皮質（medial Orbitofrontal Cortex, mOFC）中血氧濃度相依（blood-oxygen-level-dependent）活動——該腦區被廣泛認為用來解譯實際體驗的愉悅感。

圖7.2(a)喜好程度：受試者對酒的喜好程度會隨著價格升高。5美元和45美元的酒是一樣的，但較高價位獲得評分將近兩倍；同樣地，10美元和90美元的酒是一樣的，而較高價位獲得評分則為兩倍。

圖7.2(b)濃郁度：有趣的是，受試者把5美元和45美元的酒濃郁度排名相同——當然，畢竟兩者是一樣的酒；同樣地，10美元和90美元的濃郁度排名相同，而兩者本身也一樣。

圖7.2(c)不知價格資訊的喜好程度：相較於圖7.2(a)，在第二輪未告知價格的試喝中，受試者的「喜好」排名A和B差不多，C和D差不多，兩組各為相同的酒。

圖7.3顯示飲用兩組完全相同酒的內側眼眶額皮質活躍度。上圖顯示從開始品嚐後，「45美元的酒」造成的活躍度高，縱使內容物其實跟「5美元的酒」一樣。下圖顯示90美

元的酒和10美元的酒結果也差不多，飲用90美元的酒後活
躍度明顯更高，但內容物其實和10美元的酒一樣。

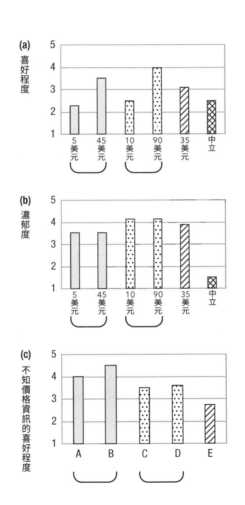

圖7.2 品酒分數。即使5美元和45美元的酒是一樣的，而10美元和90美元的酒
也是一樣的，但受試者偏好標價較高者

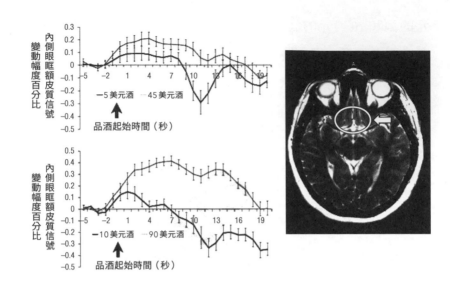

圖7.3　兩種酒宣稱價格更高時，生理獎賞增加

　　值得注意的結果顯示，即使酒是一樣的，但大腦中因為較高價位酒產生不一樣的實際過程。換句話說，受試者在聽聞酒的價位較高時，確實獲得較多生理獎賞，這比受試者聽到酒較貴而表示飲用口感較好，還要根本而重要。因為高價能提高生理獎賞，或許非理性決策過程其實還是有理性可言？

　　磁振造影（Magnetic Resonance Imaging, MRI）機器的開發，歸功於諾丁罕大學（Nottingham University）教授彼得‧曼斯菲爾德（Peter Mansfield）、保羅‧勞特伯（Paul Lauterbur）在1970年代的研究成果。他們後來因為發明嘉惠

人類而備受讚譽，在2003年獲頒諾貝爾生醫獎。大家日益肯定功能性磁振造影和腦電圖這類科技，更能可靠地診斷與測量消費者對不同購買決策或廣告的反應[14]。這些測試能以小群體來進行，然後再將結果更廣泛運用在市場中，或是用於幫助行銷人員做決策。

測量實際生理反應的一個主要優勢在於，避免傳統市場調查會遇到的問題，像是受試者說錯真正的喜好或對某些事情的反應（因為他們對自己做的決策缺乏自覺），或是不願意向研究人員坦承真實感受（由於受到社會壓力，講出他人期望的答案，而不是自己的真正想法）。

在本書其他地方會提到促發的主題，整體而言，傳統市場調查的不可靠情況，或許在知名的「新可樂」（New Coke）事件得到最深刻的體現。在1980年代，可口可樂的市占率被來勢洶洶的百事可樂（Pepsi）奪下。百事可樂採取一個效果良好的活動，叫做「百事挑戰」（Pepsi Challenge）。

在這個挑戰裡，飲用可樂的人要在電視鏡頭前盲測可口可樂和百事可樂。有超過半數比例，可口可樂派人士在透過盲測挑選較喜歡的產品時，選到的是百事可樂。在電視廣告中，錄下可口可樂死忠顧客發現自己選到百事可樂的震驚模樣。可口可樂對此感到十分擔憂，因此調配出所謂的「新可樂」——在同樣盲測中，可以追趕或甚至超越百事可樂的配方。據稱新配方較甜，在口味挑戰裡贏過百事可樂。

於是新可樂推出了，但卻一敗塗地。既有的可口可樂顧客大感不滿，因為他們想要原本的可樂。這一次的舉動導致可口可樂快速推出所謂的「經典原味可口可樂」（Coke Classic）。最後，新可樂默默退場而銷聲匿跡，然後經典原味可口可樂又變回一般可樂。

這場風波造成先前備受讚譽的可口可樂決策表現蒙塵，也導致可口可樂的高層公開出面道歉。

這個事件連環出錯，不過最終還是有好的一面。從失敗的觀點來說，技術調查在好幾件事上出錯：沒有察覺單喝一口有別於喝下整罐，因為口感會在品嚐期間層層堆疊；也沒有察覺到可口可樂的顧客不是在觀眾面前的人為環境裡飲用可樂，而是在家或餐廳喝；還有未能接受產品的忠實客戶不願意任憑產品隨時說變就變。

從更根本的層面來說，未能察覺到任何可樂產品口味的細微變化重要性，遠遠不如包裝上的標示內容，也就是品牌和傳遞的訊息。顧客會購買可口可樂，主要是因為品牌傳遞的情感價值，還有長時間對品牌產生的感情，所以移除品牌讓百事挑戰的真實世界價值全失，否則大家就會用較便宜的價格飲用普通的可樂。

可口可樂還有一線希望，公司大幅改動相同的產品，以多個版本銷售時，察覺到整體銷售額提高了。經過更多測試後，發現在市場上推出的可樂類別越多，銷售額就增加得越

多。看來產品多樣也能促進消費，這就解釋現在市面上有超過十種不同可樂品牌的原因[15]。

巴黎品酒會顯示人類的決策瑕疵

1976年的巴黎品酒會（Paris Wine Tasting）不只是美酒歷史上的重要事件[16]，也是研究人類決策的有趣素材。當時，法國酒在世上的地位稱第一而不受質疑，以眾多一流又享譽盛名的酒莊占據頂尖製酒圈。

當年一位英國酒商在巴黎舉辦品酒會，請到十一位法國知名品酒師評比精選的法國和加州葡萄酒。然而，採用的是盲測方式，也就是說品酒師不曉得自己喝的是哪一種酒，主辦方認為這樣最公平。如果你閱讀前面提及的新可樂事件，大概就能猜到接下來的走向。

評審品飲法國和加州最負盛名的紅酒（卡本內蘇維濃）和白酒［夏多內（Chardonnay）］，並以20分為滿分的評分結果遞交計分。

當時出爐的結果讓人大感震驚——加州酒在紅酒和白酒類別雙雙奪冠，法國美酒界與品酒人都對結果感到扼腕，這成為一大恥辱，結果至今仍充滿爭議。

後續也用同樣的酒進行品飲，這次是1978年在美國舉行，並且再次由美國酒在兩個組別中拔得頭籌。1986年，位

於紐約的法國廚藝學院（French Culinary Institute）也用同樣的紅酒舉辦一場品酒會，結果如出一轍。

不少人痛批品酒的流程和評分方式，先不論某國的酒是否優於他國（有些人指出新世界的酒通常比舊世界的酒更適合大眾，因此結果才會一面倒），可以再次套用新可樂事件教會我們的事。

首先，在真實顧客的世界裡，沒有人會單喝一口酒，品飲十支或二十支，所以這種測試安排和漸次品酒流程在設計上有瑕疵。其次，更根本的一點在於，移除頂級品牌世家美酒的標籤，也就消除產品的大半意義。如同新可樂的情況和本章的例子，大腦對品牌、傳承意義等訊息的「消費」，在重要性與「真實度」上都不亞於對口感等實體特質的感受。

人們並非理性決策者

從很多研究裡，可以看出即使自認為理性的生物，但顧客並不理性，許多創業者和企業領導者都對顧客有著同樣的誤解。

在《快思慢想》17裡，康納曼解釋即使大腦有意識的系統二認為在掌控之中，但其實是反應快速的潛意識系統一做出多數的決策，系統二再告訴自己做決策的原因，通常以回溯方式來將系統一的選擇合理化。

因此，本能的系統一做出眾多決策，只有透過後續分析，才會發現這些決策不是很有邏輯，或是以邏輯而言思慮不周。

在已發表的研究中，引述的多項研究為B2C領域，消費品會與顧客決策過程互動。同樣地，B2B也不像一般人假設得那麼理性，因為過程中還是會牽涉到人。價值通常偏向質性、有解讀空間又主觀，而較不量化客觀。B2B可能會想要更理性、注重過程，但是人仍牽涉其中，而人是感性的動物。

此外，多數經理人和商人（連同多數的人）從小就受到廣告的訓練，開始會隨著公司期望的方向對產品產生聯想，決策因此有所改變。對B2B模式而言，一般預設決策者會選擇符合採購需求的最佳選項，但是通常這些採購流程會被重新設計，以符合採購決策者的需求——好讓生活更輕鬆，更能理解人性，這就讓精明的行銷人員或價格制定者有機可乘。

傳統經濟學會採用一些框架，把理性顧客當作自由市場裡的自由決策者來預測其決策。想想餐廳的例子，照理說顧客會依據菜單上不同菜色的價值、健康考量、飲食需求，或是分量要夠填飽肚子，做出理性選擇。不過，實際上可以理解的是，多數餐廳顧客是依照自己想到食物時會有的感受，決定要吃什麼。這一點效用強大，因此感受和情感價值成為過去三十年，已經在許多方面成為行銷的最前線，主要是透過開發出品牌訊息來傳遞價值。

何謂情感價值？

　　顧客之所以會為某個產品付出尊榮級價格，是由於情感價值。這種情感價值有時能夠變現，又被稱為品牌價值（brand value），但情感價值是什麼？

　　當今產品蘊含的情感價值是無形要素，在整體產品中占據重要的一環。情感價值是個人或組織透過特定類別採購決策時獲取的情感獎賞。例如一般來說，買蘋果和其他高檔產品的人，是因為它們帶來的感覺。這能藉此定義情感型產品（emotional product）──情感型產品會讓人在感性方面，對自己和自己做的決策感覺良好。

　　這與功能性產品或日常用品形成鮮明對比，兩者是為了達成某種任務而購買，因此在金錢價值上會與競爭產品相比，經過審慎評估，因為單純功能性物品會比具備情感內容的物品容易比較。

　　想想奢侈品，幾乎全都蘊含重大的情感價值，這種情感價值可能就是由該品牌所代表，或是可能以其他方式隱含在購買決策中。想想萬寶龍（Mont Blanc）鋼筆、阿斯頓馬丁（Aston Martin）電動車、LV手提包，上述這些產品都有一個基本的共同目的，就是要讓購買者自己的感受更好等。

　　企業領導者發現，要增加利潤並與競爭對手差異化，一個好辦法是透過產品增加並傳遞情感價值。這樣一來，就可

能成功達到所要的效果，讓顧客購物時比價難度提高，深入顧客大腦中極為重要的決策過程。

我們在第4章討論到大同小異的產品價位不一，也能從中看出這一點。如同所見，這些產品的唯一差別在於包裝、品牌行銷，以及相關的情感價值。

回想第5章提到的分配式和整合式交易，灌輸更多的情感價值是賣方用來把價值的蘋果派做大的一個關鍵做法，讓原本可能會陷入的「一輸一贏」分配式交易困境，轉變成格局更大的「雙贏」整合式交易。

顧客追求的是價值，而非金錢價值

我們已經談過許多顧客認定價格與品質成正比，然而顧客真正想要的是什麼？很容易就誤以為所有顧客都是理性的機器，會主動進行金錢價值分析，並拿替代品做比較，以找出金錢價值的「甜蜜點」。

然而不難想見，真實狀況是人們還是用簡便方法來考量價值，而較少思考金錢價值。再來看一個例子，試想一台經濟型筆電價格為400美元，另一台價格為1,000美元，還有一台價格則是3,000美元。

A筆電	400美元
B筆電	1,000美元
C筆電	3,000美元

　　我們可以列出對應到價格的績效，在這個例子裡，這三台筆電都使用同一套作業系統，所以主要差別在於記憶體容量和速度，還有重量、網路攝影機及螢幕。

	400美元	1,000美元	3,000美元
文書處理	***	***	***
遠端操作	**	**	***
試算表	***	***	***
電子郵件	***	***	***
網頁瀏覽	***	***	***
無線網路	***	***	***
觀看電影	**	***	***
電池壽命	**	***	***
重量	**	***	***

　　我們可以把這張表轉換成圖7.4，顯示出每一台筆電的總分，加上另外一個選項——沒有筆電，因此零績效。

　　比較這三台筆電的效能，是否真有很大的差別？實際上，最便宜的 400 美元筆電可以做到最貴筆電能做的用途，但後者是前者價格的 7.5 倍。

　　同樣地，我們可以呈現出總分變化，從最便宜的選項（沒有筆電）到 400 美元筆電、從 400 美元筆電到 1,000 美元筆電，從 1,000 美元筆電到 3,000 美元的筆電，如圖 7.5 所示。

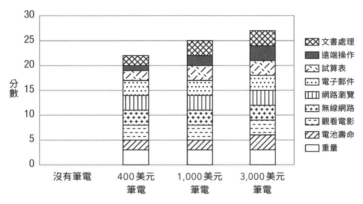

圖 7.4　評分摘要：筆電價格越高，效能就也越好

　　這可能相當明顯，但是以增加價值來說，從零到有基本款的堪用筆電，效果遠大於購買升級款額外增加的價值。從這個高度理性的分析來看，基本款的 400 美元筆電擁有的金錢價值遙遙領先。當然，這個分析並未涵蓋無形層面，像是品牌排名與對筆電外觀和質感的期望，會改變擁有這個裝置的體驗，這些全都帶來大量的情感價值。

如果消費者真的追求金錢價值，就算在富裕的西方經濟體裡，多數賣出的產品會是各類別或區隔中最低的價位，因為最「划算」。然而，情況通常不是這樣，現在更能清楚看見的是，顧客要的不是理性邏輯的金錢價值，頂多只是自認如此，他們實際上要的是在可負擔範圍內尋求高價值，這一點的意思完全不同，而且該價值蘊含很多情感成分，也可以說價值提供資訊，讓他們做出購買決策。

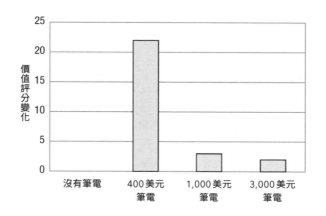

圖7.5　先前類別的價值評分變化：價值增加程度最高的是從「沒有筆電」
到「400美元筆電」

希望現在你能更清楚，顧客的主要目標是尋求價值，而不是直接的金錢價值，找出價值對顧客的意涵，是任何創業者或企業領導者的關鍵目標。

　　　　一位多家連鎖餐廳的成功餐飲業者反思訂價的三個因素：

「……我們會根據三個因素來訂價：首先最重要的是認知價值，再來是市場訂價，最後則是25％成本底線。

認知價值講的是根據經驗創造餐廳產品和服務，還要有明顯差異化賣點，並給予顧客更多價值，包含在桌邊預備餐點以呈現戲劇效果、端出吸睛的料理，以及製造出顧客能樂在其中的氛圍。這一點也關乎差異化賣點，提供既獨特又令人難忘的東西。

市場訂價很重要，因為每家餐廳都在自己的當地市場中營運，而每個當地市場都不同。某個城鎮裡的餐廳會依據當地人口統計資料，而有不同在外用餐市場價格。因此，我們會評估競爭者提供何種服務及其訂價情況，確保我們在顧客容易比較的要點上具備競爭力——他們通常會比較一品脫啤酒或一杯普通葡萄酒的價格，所以準備好有競爭力的價位，在比較中會處於有利地位。對於沒有基準或是難以比較的物品，就能在訂價時更大膽。

最後一點是25％成本底線，我們會確認每道料理的食材成本不能超過售價的25％，否則就必須調漲售價、減少餐點分量，以支持財務或是直接把餐點下架。

我們發現有些顧客只想要低價，有些顧客則對成本的敏感度低很多，我們會盡量多吸引和專攻後者。

我們的菜單設計上提供顧客各種選擇，並且涵蓋各

種價位。許多顧客不會點菜單中價格最低廉的菜色，或許是因為怕分量小或不夠滿意，於是我們可以針對這一點來調整訂價。我們會安排幾個尊榮級價位，尤其是容易儲藏的酒類，提供給想要「揮霍一番」的人。

大城市裡的市場情況熱絡，但是小城鎮中週四週日熱絡，週一到週三則較容易冷清。在這些小城市裡，常常會推出優惠折扣，因此我們會請前台人員提供增售和升級方案選項，鼓勵顧客多消費。這些交易著重大受好評、帶來高利潤的餐點。」

顧客體驗的興起

全球經濟的連結日趨緊密，表示買方和賣方的選擇大幅增加；也表示可自由取用更多的資訊來輕鬆比價，導致負面的價格競爭問題更加惡化；另外，也表示隨著產品功能融合和標準化，商品化速度加快。

我們正處於資訊革命時代，這對某些產業造成重大影響。傳統上，買方沒有所需資訊來做出最佳選擇，局面通常是由賣方主導。現今隨著資訊不對稱（information asymmetry）的問題消逝，並且資料可用性（data availability）帶來透明度，許多產業中的傳統商業模式都已經過時。用撲克牌來比喻，就像是攤開牌來打，大家都能看見你手中的

牌。這一點類似經濟學的效率市場（efficient market）模式，而在真正效率高的市場中，邊際利潤（marginal profit）接近於零。

從更廣的脈絡來看，有些企業從分配式模式轉為整合式模式，讓關係變得不完全是交易性質，主要尋求的也不是價格，而是價值，尤其是如何提高附加價值。在這個背景下，過去十年最重要的發展是更看重顧客體驗，而這是高成長企業尋求差異化，而不做削價競爭的主要方式之一，特別是在產品大同小異的產業中。

《哈佛商業評論》刊登的研究[18]，檢視2003年到2013年間全球6,000家併購企業。研究表示，以總企業價值（公司的價值）的比例來說，顧客價值在十年期間顯著增加，從9%左右提高到18%。在某種程度上，可以說這是顧客忠誠度（customer loyalty）的表現。同時，用一樣的方式衡量，卻顯示變動性較低的品牌實體屬性（如商標、產品名稱及公司資訊）在同一時期減半。因此，研究用另一種方式強調情感價值和顧客關係日益重要的情況，尤其是在招攬與留住顧客的情形。

所以，顧客體驗是什麼？顧客體驗是個人在某個時間點與公司、產品或服務之間互動的質性表現，包含購買前流程、購買流程本身，以及購買後的感想。要特別注意這是質性而非量化，因此是由個人感官和心理感受方面的知覺來自

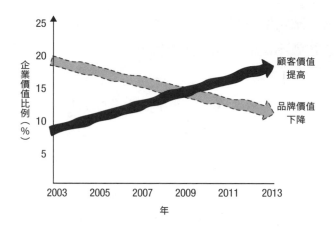

圖7.6　品牌價值下降與顧客關係提高[19]

由認定。因此可說顧客體驗的重點不在於產品或服務的功
用，而是其如何發揮功用。顧客體驗關乎個人，因為公司本
身沒有知覺，而是由一群身為感性動物的個人組合起來的集
合體。

　　簡言之，顧客體驗是顧客（或潛在顧客）對於你的企業
如何對待他們的認知。因此，顧客體驗通常是為產品或服務
增添情感價值的重要方式。在某些產業，顧客喜好在負擔得
起的價格內，最簡便或對個人帶來最大獎賞的東西，而非如
同理性選擇所建議的。

　　傳統上，經濟學家利用開發的工具解釋高難度或複雜環
境中的顧客決策過程，因此會有很多標準。這些所謂決策的
多屬性模型（multi-attribute model）觀察許多層面，有時候

會加上權重來做判斷。然而，這些決策的理性模型不見得會反映出實際的顧客行為。顧客體驗通常顯現，顧客所選的是最簡便或最令人愉快，而不是最理性的選項。

蘋果公司的例子

　　話說回來，蘋果真是一個好例子，顯示企業找出並提供顧客重視的東西，還在財務方面大舉成功。在本書寫作之際，蘋果的現金儲備（現金和約當現金的存量）超過2,500億美元，據說是美國聯邦準備理事會（Federal Reserve Board, FED）的三倍以上。該公司坐擁如此龐大的金額，印證其尊榮級訂價、利潤及商業策略[20]。

　　蘋果只提供尊榮級產品，也就是營運內容產品類別裡最昂貴的。這個尊榮級訂價策略獲得一群顧客，他們重視蘋果易於使用的科技、前衛設計、簡約風格，還有顧客服務。蘋果產品不見得是最強大或最有效能的，雖然推出的產品線中絕對也有最頂級的。不過，蘋果最擅長的是為顧客創造情感價值，並透過收取尊榮級價格來強化這一點。

　　蘋果與一般製造商品牌相比，收取如此高價，使得利潤表現極佳，並能累積龐大獲利，而這一點可以從龐大的現金儲備中看出。當然，這也是受到該公司的價值主張和持續性競爭優勢帶動與支持。

顧客想要多花錢？

消費者行銷提供多家公司在訂價往尊榮級方向擴展的例子。

Y世代和Z世代（1981年後出生的人）是最具備品牌意識的一代，在前所未有的品牌消費品環境裡長大，這些產品仰賴深層的情感價值驅動因素。想想iPhone、臉書與Instagram在通訊中運用照片和影片的成功，還有想想現代連線遊戲機、品牌咖啡廳，以及運動服飾品牌。

很多產品類別的價格範圍大幅擴增，二十五年前有誰能預料到，與某產品類別中「最具金錢價值」的產品相比，一般消費者會喜好價格為五倍到十倍的產品？

例子包含價位超過1,000英鎊的平板電腦，相較於大品牌供應商販售類似尺寸的最廉價電腦，價格超出十倍以上；1,500英鎊的「消費者」數位單眼相機，價格是低價品的五倍；4,000英鎊的登山自行車則是基本款的二十倍。放眼望去，這種價格多樣性在今日極為正常。

重點不在於消費主義走向癲狂，而是上述所有產品傳遞的情感價值遠多於功能價值，這成為環境「新常態」，對年輕世代和行銷人員來說，天生就能理解。

重塑大腦的需求

中小企業領導者對創辦新企業過程的反思，有時候突顯這段經歷如何形塑他們的思想。創辦企業時，他們經常準備好商品後推出，接著在某一刻會被顧客拒絕，再經過改善後成功銷售。現在他們變得更謹慎，發現要成功銷售絕非易事。對此自然會有的反應是保持低價，期望促進銷售。

較大的企業推出新產品時，也會有類似的故事，產品上市便是踏入未知的旅程。大量證據顯示，這些上市活動不是一敗塗地，就是未能達成原先的目標。成功公司的過往經驗中也會失敗，所以更加謹慎，以減少公司和經理人遭遇的風險。降價看似能藉此避免被市場拒絕，不過本書也會再討論這可能引發的相關問題。

有必要重塑經歷這些歷程的大腦迴路。有很多中小企業負責人表示，把銷售額從零發展到100萬美元需要好幾年的時間，煞費不少苦心。這段歷程中辛苦的那一面，通常會使得創業者小心翼翼，並且很在意要不遺餘力地讓顧客買單，因此覺得最好要壓低價格。在第1章中提過，不願意提高價格的想法也受到認知偏誤左右，對價值主張信心不足，並且擔心未能做成足夠生意，支付所有經常性費用和其他相關開銷。

軼事性證據顯示，能夠擱置過往經歷或失敗所造成謹慎心態的人，創業思維會抱持更開放的心態，包含追求尊榮級

價格定位和高利潤率帶來的重要機會。

值得注意的是，前面提到的艱辛起步經歷不見得適用於所有高成長企業。有些公司開發的產品或服務「熱銷一空」，或是經歷這種情境，有可能是因為判斷得當，也有可能是單純走運。這通常會發生在成長快速的新市場中，又或是非常巨大又歷經創新的舊市場，這些經驗讓個人觀點變得十分不同。這類企業對於如何增加規模與成長的挑戰情況相當不一樣，有可能更著重營運規模擴大。在接下來的章節中，會考量高成長對公司帶來的影響。

本章摘要

- 顧客自認為是理性的決策者，許多企業領導者也天真的這麼認為。
- 不過，研究結果恰恰相反——價值偏向質性且主觀，較不量化而客觀。
- 瓶裝水有多個價位，而公司尋求新方法來為 H_2O 分子增加價值（並收取更高費用）就是一個好例子。
- 深入研究顯示，較高價格是價值和品質的強力信號。
- 很多價差單純來自情感價值，其透過品牌行銷、訊

息傳遞和包裝來實現。

- 在眾人將較高價值附加於較高價格的世界裡，就特別不適合訂價過低。

考量要點

挑戰價位	還有哪些事情並不了解？
能用什麼漸進而有用的方式來改變假設，以挑戰價位？你對顧客價值認知有什麼發現？可以做什麼實驗來進一步探索？	你對企業中的銷售和訂價還有哪些層面不完全明白，但是能在擴大現有流程之前，為你省下時間與金錢？要怎麼做實驗來得到答案？

本章練習

設計市場實驗。

為什麼他的商品可以翻倍賣？

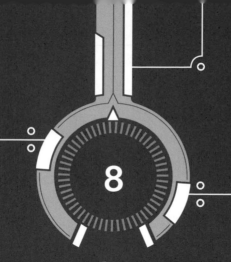

8

打造持續性競爭優勢

先前在第5章討論營運資金對公司成長的重要性，以及價格對營運資金有巨大的影響，現在要提出更重要的一點：公司的內部報酬率（Internal Rate of Return, IRR）。

以投資獲取報酬

如果你有可動用的1,000英鎊想要拿來投資，希望利息會是多少？如果你存入銀行，很可能利息較低，只有幾個百分點。

相較之下，你每留下1,000英鎊再投資於企業成長，每年能得到多少報酬？答案就是所謂的公司內部報酬率，對成長企業而言，可能為25％；對科技新創企業來說，可能是40％、50％或者更高；而針對在主要證券交易所的上市大公司，則通常是10％到14％。如你所見，處於創業早期階段、迅速成長且規模較小的公司，能獲得的報酬率通常最高。

這表示你投資（或再投資）自己企業的每一分錢，可得到20％到50％的年均複合成長價值（報酬率），就好比利息一樣。這麼想的話，提升的價值會很可觀。

處於創業早期階段或高成長的企業，能有這種程度的報酬率並不出人意表。畢竟，要見識或實際經歷成長企業，每年銷售額提升30％、80％和100％以上的情況也不在少數。如果銷售額以這個速度成長，利潤和「價值」便可望跟進（假設

管理階層讓利潤率等方面保持良好）。舉例來說，*Inc.*雜誌[1]刊登從各行各業挑選的年度高成長企業名單，包含過去3年來銷售額成長超過10,000％的眾多公司例子，等於每年複利高達364％。

另外，看看曾屬於創業早期階段企業，而現在公開成果（通常有上市股份）的高成長企業。因為它們的資料可供查找，所以我們能做一些簡單實用的分析。

簡單搜尋金融網站，可以看到亞馬遜在2019年的市值為9,000億美元，該公司在14年前的估值「僅僅」260億美元。這等於在過去14年間，每年複利成長約29％，對當時已經算是很大的公司而言相當驚人。從1997年到2020年間做出類似分析，得到的價值成長率為每年38％。如果看看頭10年（1997年到2007年）得到的數字又更高，達到每年46％，你可能也預期到，因為規模較小的公司通常成長更迅速，不過別忘了，即使在1997年，亞馬遜仍是一家大企業。如果能看到更早期的資料，將會得到更高的比率，例如有些資料顯示，銷售成長率（相對於公司價值）在1995年到1997年為每年平均1,100％。

同樣地，臉書在2012年到2020年間，每年價值增加28％。以這段時期的前半段（從2012年到2017年）來說，每年為36％。針對這家公司最早期的資料不多，但是從2006年到2011年營收的年均銷售成長率為137％。

　　亞馬遜和臉書都屬於所謂的「獨角獸企業」之流，但這不代表每家高成長的創業早期階段公司都要具備成為獨角獸企業的潛力才能取得成功，特別要看這類公司額外的複雜情況，像是提高投資資本和管理公開市場期望。然而，這些公開資料的例子能讓我們好好就近觀察，找出自己企業的成長與報酬率，無論是微型企業或國際公司。

利率25%的銀行

　　如果信任的銀行提供25%的儲蓄利息，你會怎麼做？你可能會趕緊把能拿出的每一分錢都存進帳戶，對吧？那麼，你會不會很訝異高成長企業基本上提供同樣的好機會，只是要承擔一定的風險？對高成長企業來說，獲利所得的每一分錢都會再投資給自己，就能帶來如此亮眼的內部報酬率。

　　我們已經表明，高成長企業產生的內部報酬率有25%、40%或甚至50%以上，這表示再投資的每英鎊都能年年以該比率增加。這就是風險投資人會投資創業早期階段企業（透過風險投資），和高成長的大型企業（透過私人股權投資），以及高成長企業的持股管理團隊，能變得非常富裕的原因。

　　當然，任何一家企業的風險都高於國家銀行（雖然過去一個世紀以來也有知名銀行倒閉，但至少在一般情況下確實如此），而創業早期階段企業的價值難以流動，或甚至不會

顯現在對帳單裡，不過成功的創業早期階段和成長公司的內部報酬率都很高。因此，企業要多多獲得能有效投資在企業的資金，因為報酬率是如此之高。

這表示如果你獲得更多利潤和現金，並透過投資回到企業中，這些錢就能獲得相當高的複利。我們已經見識到能有效管理價格，即可取得更多利潤和現金，讓你解放企業的潛力。

在這裡舉例說明，放在銀行內的 1,000 英鎊，每年的複利為 2%，同樣 1,000 英鎊投資在創業早期階段公司的內部報酬率則是 35%。

如圖 8.1 所示，這家公司經過五年獲得的總報酬，是放在銀行的三倍以上，也就是超過 300%，這就是長時間累積價值的力量。

再繼續五年，差異就會變成十二倍（參見圖 8.2）。

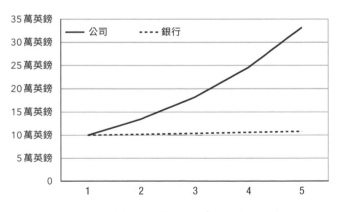

圖 8.1　五年期間公司與銀行儲蓄的投資報酬比較

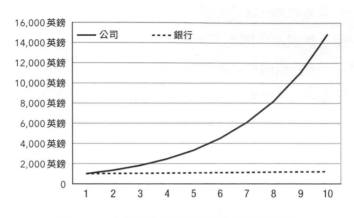

圖8.2　10年期間公司與銀行儲蓄的投資報酬比較

進行再投資 vs. 把錢存在銀行

　　我們比較創業早期階段公司和銀行儲蓄的投資報酬，並看見不同的結果。這一次來比較兩家公司，其中一家因為價格較高而獲得更多現金，並進行再投資；另一家獲利程度相當的公司沒有再投資，而是把錢存在銀行或拿出來當紅利發放。我們看看過了短短幾年後，差距會有多大。

　　如圖8.3所示，有效再投資於銷售、員工培訓、產品開發和營運的公司，把錢拿出來好好運用，另外一家則並未運用這些資金，大概只是存在銀行虛耗。將資本再投資的公司成長曲線明顯較高，並且在這段期間價值為三倍。

　　這一點應該不需要多說，但可以特別指出的是利潤有兩

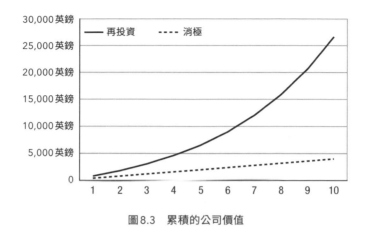

圖8.3　累積的公司價值

種用途：可以回過頭來讓企業成長，拿出來「好好運用」；另一種則是沒有派上用場。把錢運用在投資你或公司擅長的活動，就可以帶來高報酬，也能抵銷向外募資的需求。如果提高價格能產生更多利潤，就能強化這個良性循環，因而完整發揮成長機會。

進行再投資，建立持續性競爭優勢

我說的再投資是什麼意思？是這樣的，再投資於企業是要找出如何分配有限的資源，因此能讓企業持續且有效成長。確切的投資領域會隨著不同產業、不同公司或不同商業模式，在不同的成長階段而有所不同。

然而，共同領域包含擴大銷售過程、員工招募和發展，還有開發新科技、其他產品開發形式、營運能力，以及投資於營運資金（成品庫存、原料、債權人／債務人關係，或應收／應付帳款）。另外，也可能包含對新機械與資產的資本投資（資本支出）──儘管多數國家的金融專家會對這類資本資產（capital asset）提供獨立的直接金融選項，像是出售給金融公司，以獲得每月租金，因而能把錢用在其他地方。

之前提及，想確保公司具有長期競爭力，就要有持續性競爭優勢和完善的策略。持續性競爭策略表示，公司即使面對嚴峻競爭也能興隆發展，這一點與追求有效策略息息相關。要發展完善而成功的策略，通常會有以下兩種方法：

1. 資源基礎法（resource-based approach）

第一種策略做法是由內部而來，使得公司的營運基礎獲得特殊的能力。這一點可以立基於公司具備的某種獨特科技，或是培養出能賦予公司競爭優勢的獨特能力，無論是哪一種，競爭對手要複製這種資源都很困難（或價格高昂，抑或是既貴又困難）。因此，資源基礎法是要在組織中能夠產生既對顧客有價值，又不易被人複製的產出。

資源包含給予產品或服務創新功能的資產，這種創新所採用的科技突破受到專利或其他智慧財產權相關法律的保護，因此他人無法複製。資源也可以基於設計表現，在設計

上更勝一籌,產生市場優勢——無論是透過獨特科技,或是聘僱並留住頂尖的設計人才來達成。這種方法也能支持差異化領導,在產品的特色和科技上勝出。

　　資源基礎法的例子,包括基因體定序市場龍頭公司因美納(Illumina)。因美納開發出具專利的寶貴科技,保護各式產品的強大表現,並且維持公司在市場上的領先地位。因美納在 2007 年收購位於劍橋的索列莎(Solexa),並取得對方受多項專利保護的新世代定序科技,如此一來,便能在基因體定序場域中持續領先。

　　另一個例子則是其他類別的獨特資源,就是美體小舖(The Body Shop)和創辦人安妮塔‧羅迪克(Anita Roddick)。1976年,美體小舖在布萊頓(Brighton)創辦。羅迪克為該企業帶來高名氣的強力宣傳,並提倡使用取自世界各地,來源合乎道德又天然的成分。羅迪克在多個論壇上名聞遐邇,成為美體小舖的獨特資源(unique resource),而她的大眾知名度和針對多個議題的宣傳活動,也成為該公司、其信念及產品帶來競爭優勢的主要來源。

2. 市場基礎法（market-based approach）

第二種策略開發的主要方法，則是關於找出並實現新的市場機會。如果能夠找出或預測出新市場機會，最先加以利用者往往受惠最大。策略優勢來自於組織設計，以組織中快速「感知」的機制來找到市場機會，然後同樣迅速而有效率地採取必要行動，以有效實現這些機會。

公司不見得具備贏過競爭對手的獨特優勢，但是能夠迅速找出並實踐市場機會，代表獲得先發優勢（first mover advantage），得以隨著一連串新機會出現時，一舉獲得商業上的成功。

市場基礎法的例子包括Zara，該公司運用資訊系統和反應性供應鏈（responsive supply chain）。這個資訊系統讓Zara能快速得知哪些產品熱賣，然後使用靈活的供應鏈迅速補貨。有別於多數服飾公司，Zara熱門產品售罄後，通常供給速度來不及在潮流轉變前滿足市場需求。服飾業傳統上以3個月為一個週期，每年共推出4季的系列商品，因此Zara的策略是基於市場感知和迅速反應。

其他市場基礎法例子包括大型食品零售商，利用銷售點系統（point-of-sale system），並搭配集點卡

活動的追蹤，以利用大量資料找出新出現的產品潮流
和機會。接著，它們會重新配置實體銷售空間來運用
這些機會，並透過供應鏈獲得必要的產品。如果某個
產品開始熱賣，就可以對該產品進行優先促銷方式，
確保供給能配合需求。

值得一提的是，有一個多多少少結合以上兩種古典方法
的概念：動態能力（dynamic capabilities）理論[2]，是指透過建
立和重新配置內、外部能力，以迅速回應變動環境的能耐。
不要以為這是同時執行資源基礎法與市場基礎法，我們不建
議那麼做。動態能力考量長時間的面向——公司情境的動態
如何隨著時間改變，以及公司和策略隨著時間演進，資源基
礎法和市場基礎法在不同階段如何彼此產生關聯。

獨特銷售主張

獨特銷售主張（Unique Selling Proposition, USP），又名
顧客價值主張，是指公司所做的事，因為顧客夠重視而願意
付費，並與競爭對手有所差異（最好更勝一籌）。

因此，獨特銷售主張是企業能力的重要一環。能夠表達
出獨特銷售主張很重要，能藉此擬訂有效的發展策略，並可
以行銷手法向顧客解釋為什麼要購買某個物品，也就是對他

們有價值的理由。

任何沒有發展出強烈獨特銷售主張的公司，在多數產業中生存不易，頂多能成為「＋1」的同質內容或是一般產品，並且可能要以低價來競爭，我們已經針對這一點說過，情況會很艱困，除非刻意使用該策略。

所以，如果公司提供的獨特銷售主張受到顧客重視，分析公司的獨特銷售主張就會很有幫助。簡單而強力的獨特銷售主張分析技巧，如下所示。

應該針對每個產品或服務做獨特銷售主張分析，並重複對不同產品或服務銷售的區隔進行。不同區隔對同樣產品認定的價值也可能不同，所以務必針對每個區隔做分析。

該分析也會根據產品或服務屬於現有市場類別或新類別而有所不同，這是許多創新公司的關鍵敗筆，誤以為是與傳統供應商競爭，但事實並非如此，因為是全新商品，其他品牌並未供給。

此外，創新產品會創造出全新的市場，不見得像許多創新公司宣稱的「沒有競爭問題」，實際要競爭的是當前的購買行為，也就是潛在顧客無視創新商品，繼續維持原本的行為。換句話說，創新產品推出後，潛在顧客只是「聳聳肩」或「路過」，然後繼續當前行為，沒有任何作為。

有三個主要問題要回答，每個都是和競爭者或顧客「無作為」相比：

1. 你提供什麼價值或好處？

2. 你憑藉什麼比競爭對手獨特和出色？

3. 為什麼別人要向你購買？

圖8.4的矩陣對此做出總結。

	1. 現有產品類別 與競爭對手相比	2. 新產品類別 與「無作為」相比
(1) 你提供什麼價 值或好處？	1 _____ 2 _____ 3 _____	1 _____ 2 _____ 3 _____
(2) 你憑藉什麼比 競爭對手獨特 和出色？（差 異化）	1 _____ 2 _____ 3 _____	1 從替代品開始，「痛 點」為何？ 2 _____ 3 _____
(3) 為什麼別人要 向你購買？	1 _____ 2 _____ 3 _____	1 你如何讓顧客的世 界變得更美好？ 2 _____ 3 _____ 4 _____

圖8.4　獨特銷售主張分析矩陣

練習題

進行獨特銷售主張分析

1. 決定你做的分析是針對現有市場有類似競爭對手的產品（使用第一欄，並根據競爭對手作答），或是針對創新的產品或服務而沒有直接的同等物（使用第二欄，依據哪些因素改變顧客行為、哪些因素避免他們做出新嘗試作答）。

2. 選出一個產品（或服務）和一個顧客區隔。

3. 回答三個主要問題：

   (1) 你提供什麼價值或好處？

   揣摩顧客觀點作答──想像自己是顧客。公司提供什麼顧客重視之物？

   (2) 你憑藉什麼比競爭對手獨特和出色？

   你在哪些方面與競爭對手提供的產品不同（或差異化）？這些差異對顧客來說有價值嗎？有的話又是什麼？

   注意：第二欄因為沒有現有的競爭對手，所以先從替代品開始，詢問「你要解決什麼『痛點』？」「這個『痛點』足以改變行為嗎？」以及「你如何讓顧客的世界變得更美好？」

   (3) 為什麼別人要向你購買？

第三個問題感覺與前面兩題有些重複，不過是為了用來促成分析者找到推動顧客決策的根源，以及顧客選擇你產品的原因。

以下提供第一欄和第二欄的範例。（注意：為了便於使用而未區隔，不過正式做練習時，要選擇一個顧客區隔來集中目標。）

範例：蘋果iPhone（未區隔）

現有的產品類別

1. 現有產品類別
與競爭對手相比

你提供什麼價值或好處？	1. 易於使用的科技 2. 優質的使用者體驗 3. 「應用程式」的生態系統
你憑藉什麼比競爭對手獨特和出色？（差異化）	1. 遊戲＋音樂＋App Store 2. 給「非科技人」的易於使用科技 3. 美觀＋尊貴身分 4. 講究派頭的訴求 5. 類型中最昂貴 6. 安全的「圍牆花園」 7. 品牌的情感價值 8. 蘋果的產品能搭配使用
為什麼別人要向你購買？	1. 讓人感覺與眾不同 2. 可以「炫耀」 3. 成為社群的一員 4. 運用原本自己無法精通的科技 5. 整合遊戲、音樂和應用程式

範例：賽格威（Segway）（未區隔）

新產品類別＝
沒有直接的競爭對手

你提供什麼價值
或好處？

你憑藉什麼比競
爭對手獨特和出
色？（差異化）

為什麼別人要向
你購買？

2. 新產品類別
與顧客的「無作為」相比

1. 電子運輸工具
2. 容易收合和停放
3. 增高視野
4. 獨特的外觀和質感

1. 比騎單車輕鬆
2. 比走路輕鬆
3. 「隨上隨下」
4. 具備未來感

1. 讓人出眾＋看起來不同
2. 公共空間的娛樂
3. 不用走路
4. 能成為早期採用者

如果還沒有問過這些問題，或是沒有資訊能回答這些
問題，就先從SWOT分析（優勢、弱勢、機會、威
脅）著手會很有用，也可以做出你和競爭者之間的產
品特色及優點比較表。

投資資本

　　本章提出創新成功企業的成長及高潛在報酬率的誘人想
法，並解釋有創業想法的人會對高成長企業的機會和潛力躍

躍欲試的原因。

　　創投資本家和天使投資人也由於類似的原因，對這些企業感興趣，能賺取每年20％、30％或甚至50％複利報酬的潛在願景，在財務方面令人振奮，同時也是創新要素與成長驅動力。對創投資本家和其他投資人士來說，常常會以每年30％到50％的金錢投資報酬率進行投資，以促進企業成長。

　　典型的專業投資人會把錢投入公司的投資組合。在十件投資案中，通常有二到三件成功、四到五件「損益平衡」，以及二到三件完全虧損。成功的投資案要用來支付虧損的案件，因此需要有吸引人的高報酬機會來進行投資。

　　對專業投資人而言，一個關鍵成功要素在於讓管理團隊的利益與投資人的利益達成一致。彼此的利益越吻合，管理階層和投資人就越可能獲得有利的成果。要達成這一點，通常是透過股權分配與獎金計畫。利益一致可能也適用於你的企業，如果你是企業負責人或股東，利益就會很明確；如果你是具備創業思維的較大企業經理人，希望會有不同的利益相投情況來鼓勵自己。

　　採取同樣的方法，你也算是成為自己的投資人——在成長時達到可滿足現金需求的獲利程度。不同類別的企業會有不同的營運資金模式，而如果你的價格較高，能與強力的獨特銷售主張相輔相成，現金管理和善用內部報酬率就會更容易又有效。很多成長企業需要籌措投資資金，達成營運資金

的需求。有些公司因為正好在營運資金結構（如正的營運資金模式）上，就能避開這個需求——可能是運氣好或安排得當。至於需要投資和銀行融貸的公司，則可以透過提高價格來獲得更好的現金流，從而降低這些門檻。

如果運用聰明訂價，要在上述情境中成功就會容易許多——找出夠高的價格，因而能支持良好淨利率，並帶來足夠獲利表現和現金流，讓你能透過對企業的再投資推動成長。較高價格的思維和原理也能讓公司好好實行差異化（讓你有別於競爭者而勝出），以及最重要的是打造顧客價值：包含價值意涵及其具體表現，也有助於從顧客角度提升以顧客為中心的思維。

在下一章中，我們會進一步探索這一點，並詢問實用的提問：你能把價格翻倍嗎？

本章摘要

- 成長中的創業早期階段企業，一般以複利計算，每年內部報酬率高達20％到50％，與典型的銀行儲蓄相差甚遠。

- 創造利潤並進行再投資，能打造更強力的價值主張和持續性競爭優勢。就算是在短期內，也能對公司的價值創造有持續性影響。

考量要點

市場
你的產品為現有類別，或是創造出新的類別和新的購買行為？ 是用什麼方法？

獨特銷售主張
針對每個你服務的區隔： 1. 你提供什麼價值或好處？ 2. 你憑藉什麼比競爭對手獨特和出色？ 3. 為什麼別人要向你購買？

本章練習

進行獨特銷售主張分析。

為什麼他的商品可以翻倍賣？

9

想漲價時該怎麼做？

價格是成長的推手

我們已經談論用價格帶來利潤多麼至關重要，也提及高成長企業把利潤再投資的高報酬率。不過，有時候公司「不太敢」提高價格，或是不願意挑戰自己對當前價位的假設。因此我常常給予輔導的公司一個挑戰：「能不能測試看看把價格翻倍會怎樣？」

更準確來說，這會是以下兩種選項之一：

> 1. 有沒有安全的圍欄（ring-fenced）實驗，能試試實際把價格翻倍會怎樣？

不行的話，那麼

> 2. 能不能進行思想實驗，看看要怎麼做才能放心將價格翻倍？

我有幸把想法傳達給一群公司執行長、企業負責人和高階經理人，每次都很樂見談話對象表示已經採用類似的價格發展路線。有時候過了幾個月後，有人聯絡報告在新的訂價實驗得到成果。這個實驗有時讓人察覺公司長期以來訂價過低，有時也會發現能調高價格來產出優異的財務報酬，接著

進行再投資來提升公司的價值主張，從來沒有人表示實驗讓他們一無所獲。

選項一：執行安全的市場測試

很多找出適合方法以成功執行這個選項的公司，會對結果感到驚訝，並且因此脫胎換骨，因為如同在第3章所見，這能大幅提高利潤率，繼而促成第7章說的再投資報酬結果。

如果你接受自己在價格方面，可能和其他公司有一樣的認知偏誤（就是不曉得自己不懂什麼），想要真正找出市場願意支付的價格，就要讓市場告訴你答案——最佳方法是執行測試。

一家嘗試選項一的公司，參與諾丁罕大學承辦的高潛力公司成長計畫。

這家公司提供影片製作服務，當時在東密德蘭（East Midlands）穩健成長，盼望在包含倫敦在內的英國其他地方成長。參與這個培訓計畫後，公司執行長決定要對M25區的新客戶報價加倍，等於在倫敦的價格翻倍。

這麼做之後，團隊很訝異新價格並未影響在市場

上銷售的轉換率，而是維持差不多的情況。不過，這大幅影響能再投資於企業的利潤和現金增值。

團隊領悟到長期以來訂價過低，在倫敦市場採用新的訂價方式，便不再專攻「最低階層」的價格敏感顧客，而在價值階梯攀升，原本覺得太過廉價而不可信的尊榮顧客，也開始信任該公司。領悟到這一點後，團隊在其他區域也漸進（非極端）提高價格。不出幾年，就讓公司的員工人數變成三倍。

要多注意在實行這個構想時的安全概念，巧妙實行的公司會用安全的方式進行，不會在整個企業內隨便「碰運氣」，毫無控制將價格翻倍，再看結果如何，而是會進行能掌控的實驗，並謹慎監控結果。簡單的情況可能是，在進入新市場或特定地區時把報價翻倍，或者可能是用更高的價位推出類似商品，再觀察結果。在下面的練習裡，有更多選項。

如果市場對不同價位的反應良好，管理團隊就會亟欲了解情況，找出良好成果的原因有助於企業理解顧客觀點。有些公司在實行這些方法後，價格提高100％，甚至是300％；也有公司決定提高25％到50％較適合自身情況。

練習題

把價格翻倍

　　公司有幾種簡易方法能在「圍欄」的安全模式下，做選項一的實驗：

1. **當進入新市場時：**新市場提供擴展的機會，同時也讓人能夠重新來過，進行一些不同的嘗試。新市場本身與現有業務分離，所以變化和風險可以與現有業務活動分開，這提供安全的圍欄環境，得以在訂價上做不同嘗試。

   人們往往會想用「老套的」方法來因應新市場，也就是複製在當前市場中的作為，不過通常每個新的市場上需求都會有所差異。採用新方法的一個做法就是把價格翻倍，然後再以更廣大的脈絡來檢視獲知的結果。

   如果這麼做行不通，原本的業務也不會受到損害，而且要降價也是輕而易舉，但是要一步步進行才行。有可能發現把原價調漲到200%不適合，但是150%（即加價50%）或甚至125%（加價25%），就可以轉換企業利潤率，並且加強再投資。

2. **當推出新產品時：**同理，新產品也是重新開始的機

會，可以試試嶄新做法。價格能夠推動更強的獲利能力，並可以從經驗中學習，看看先前對現有產品有什麼沒利用到的機會。吸脂訂價法與滲透訂價法的做法，就適用於推出新產品的時候。

3. **藉由提升平均交易價值：** 有些情況是，公司發現標價（或稱為牌價）強烈傳達出價值的訊息，因此加價並不安全。例如，顧客購買行為會把標價當作過濾器，好比完整商業討論前的第一個合格條件。在這種情況下，大幅增加標價恐怕會讓公司在後續的銷售流程中遭到排除。

   在這些情況下，公司注意到還是有可能從整體交易價值上著手來提高價格（甚至到翻倍的程度）。儘管標價改動太過敏感，因為要固定在某個範圍內，但公司發現還是能用各種策略提高整體交易價值，像是價目表（pricing menu）、價格跑道（price runway）、搭售組合、增售、升級方案等。這些技巧的完整說明參見第11章——附帶Range Rover休旅車的範例，提供的選項林林總總算來幾乎讓汽車價格翻倍。

4. **藉由創造類似產品：** 先前看過公司以不同價位販賣基本上完全相同的產品，公司這麼做的方法是，推出大致上等同現有產品的類似產品，不過特別強調

某些特色或優點。在這樣做時，可能參考顧客想要多付錢的研究——付更多錢能得到更多的價值，無論是一種安心感或品質保證的暗示。這個實驗很有趣的一點在於，增加的價位如何制定和引導顧客決策。以下是工業產品公司的例子：

　　有一家公司以創新材料科技開發出一系列產品，這項科技的一個特殊性質在於，能製造出可在三種完全不同市場中解決問題的產品——在海洋產業上取代青銅產品、在化學業取代塑膠製品，以及在能源業取代不鏽鋼合金。因為種種原因，包含不同產業中使用的傳統材料，這些市場的價位期待也完全不同。三個市場裡吸引力最高的價位，是吸引力最低者的三倍。

　　公司原先服務對象的是吸引力最低的市場，希望能打入新市場來獲取更高的價格，但是卻因為原部門（負責付款）不願意支持這些高價位。可想而知能做的是，把當前產品系列轉變成三個系列，個別以不同價位販售。這樣就能區隔市場，並避免顧客愛貨比三家。基本上，跨產業比價對顧客而言更困難，兩個較高的價位也能在其產業中讓產品和新科技獲得認同，不像當前價格太低而未獲信任。

　　為了做到這一點，該公司推出兩條產品線，並取了新的品牌名稱。兩條產品線都個別依據新目標產業，創立新理念和訊息，以及調漲新的更高價位。公司體認到需要讓兩者的外觀不同，並傳達為何適用於特定產業（而非其他產業）。最終，因為原產品系列具備的特性可以連結到三個市場，因此公司在新系列中「分拆」不適用新目標市場的產品特色陳述。

　　結果策略很成功，讓公司得以追求更誘人的機會，並將平均價格大幅提高。

　　這個例子裡的三個產業，各有不同的競爭對手。回想本書之前提到的瓶裝水散布圖等例子，以不同價位販售的產品差異只在於品牌行銷和包裝。這表示對某些產品類別而言，即使品牌與傳遞訊息不同，但是實體產品卻大同小異。當然，搭配產品的品牌與傳遞訊息也是組合商品的大部分、價值主張的一部分，並能視情況進行投資和改變。

選項二：進行思想實驗

如果沒辦法真的做實驗，思想實驗也值得一試。因為這麼做能促使公司團隊提高對可能性的期望，並在價值認同上採用以顧客為中心的思考定位——有什麼機會來加強價值和差異化。

將價格翻倍時，你能接受對提供價值做出什麼改變？這一點值得深思。

選項三：在現有營運活動中提高現有價格

公司能採取的第三條路線，就是在現有營運活動中提高現有價格，無論是為了投機活動或生存。這個選項的風險稍高於前兩個，因為會直接影響到現有業務，但是也能成功做到。可以漸進式或大幅改變，要選擇哪一種，則是依據你的企業動態和風險偏好而定。

在現有市場中提高價格時，務必思考如何將這一點傳達給市場。如果原先有些顧客喜歡買折扣價，勢必會對毫無解釋就漲價的情況感到失望而抱怨連連，這在預期當中，你要為此做好準備。如果有些潛在顧客因為產品太便宜（因此品質差），而沒有向你購買，就有必要重新定位品牌和產品以支持較高價格。

　　有時候遇到抱怨的不是漲價幅度大（可以交代漲價的原因），而是時間點的問題。如果已經設定好預算，客戶會因為成本變動，而在行政程序上感到困擾，在這種情況下能以延後變動來因應漲價安排，也許用這個條件來談妥多年期協議。切記，成功調漲價格也和你如何定調市場中的這個產品有關，還有在價值主張中涵蓋的內容（包含訊息傳遞和「外包裝」）如何呈現的問題。再次要記住第3章中的例子，用訊息傳遞和包裝當作高額價差的關鍵差異化因素。

　　像是以上各種不同情境中，各公司如何漲價的狀況，參見第10章，將會更詳細討論公司的漲價策略。

太便宜比太貴的問題更大

　　回想一下第7章提到的研究，表示廉價通常被視為品質低劣。公司訂價太過便宜時，無法吸引尊榮級客戶，因此無法產出必要的良好利潤來再投資員工、產品和流程。

　　如同先前描述的，即使沒有實際進行市價翻倍實驗，做思想實驗也很有幫助，能帶來啟發，因為會迫使團隊考量要達成哪些條件來使價格翻倍，而且可能是第一次如此思考。透過這個過程，能夠好好重新審視顧客世界裡的價值原則。

長期訂價過低

這次練習所能獲得的價值，尤其對中小企業和創業早期階段企業來說，有時候是因為長期訂價過低的問題而起。軼事性證據顯示，許多中小企業都訂價過低，而且可能絕大多數都是如此。做價格翻倍挑戰，無論是謹慎安排好圍欄的安全實驗，或是以思想實驗的形式進行，都會敦促公司和團隊正視顧客究竟重視什麼，以及該價值如何在產品或服務中呈現。

在實際做實驗的情況中，市場本身會透過購買行為告訴你答案，顯示出訂價高低是否適當，還有你是否訂價過低。

如果是針對如何合理將價格翻倍的思想實驗，管理團隊真的需要絞盡腦汁思考，如何增強或改變提供的產品來支持漲價。不得不說，對不同情境而言，這都是一個很好的分析，常常能用以解析如何進一步做出市場區隔和增加價值，或是對產品設定高低價位。

價格即價值

話說回來，如同第7章的研究所示，許多顧客會把價格當作價值的指標，而價值表示品質好、風險低等等。這些顧客看到較高價格時，會產生認知偏誤，假定該產品與較低價

位產品相比，價值勢必較高且表現更好，至少在沒有得到進一步資訊前會這麼想。還有大腦會隨著價格提高，而使得生理酬賞增加。因此，這項研究結果向公司表示，以價格翻倍將產品重新定位，就算沒有做出其他改變，也能把這份多出來的價值傳遞給顧客，純粹只是因為它的價位較高。

這可能有別於一般認知，不過研究也指出，許多使用尊榮級訂價策略的公司獲致成功，尤其是顧客難以針對商品進行分析比較的產業。我們也提過像是蘋果這樣對各式產品採用尊榮級訂價精神的公司，儘管事實上有不少產品在功能上大致相當於較低價位的直接競爭者，但是該公司也有自己一套生態系統——使得要和其他平台比較變得更困難。

有些公司會不斷執行產品評鑑和改良，然而多數企業思考的是如何提升供給產品或服務的效能及產量。但本章要談論的審視重點在於價位，這是公司很少會定期檢討和重新審視的。因此，這類練習的主要價值來源是，學習如何換一個方式看世界、用不同方式理解顧客價值的變化，並且夠頻繁執行，以利找出機會來提升顧客價值，進而提高價格，同時好好把握這些機會。

還有很重要的一點是，這個練習詢問可能實行的測試方式、價格翻倍會怎樣，還有要怎麼做才能讓翻倍價格合理化，目的不見得是要將價格提高100％。如同前面練習所說，有些公司適合的漲幅可能是40％，有些則是200％。

這個練習的目的和問題的擬訂，其實是要探索顧客價值的來源，界定你的公司該採取何種行動來順利成長，並找出適合的再投資水準來完整發揮潛力，這對你和顧客而言都是好事。

價格演進的個案研究
——一家位在英國的行銷經紀公司

這家成長快速的搜尋引擎最佳化（Search Engine Optimization, SEO）和數位行銷公司，在早期創業階段時，並未使用精密的方法來決定如何對顧客收費。該公司觀察到和顧客做成生意，並且合作公司數量增加，而得以支持新活動，因此狀況「感覺良好」，也假定獲得成功，雖然發現眾人太過繁忙。這可能是由於開價——創造的利潤率相對較低，因此無法為承接的專案部署足夠資源，甚至有時候根本應付不來。

然而，這家公司能夠薄利多銷，營業時間為七小時，但是常常到頭來要忙八小時，讓員工備感壓力。

該公司開始實行「把價格翻倍」的做法時，逐步把所有的「新」專案訂價全部提高20%，又在十八個月後再度提高10%。這時候有些客戶開始抱怨，因而要和客戶談論不好開口的話題。然而，公司察覺這些

229

抱怨的客戶不是自己要的，沒有反而更好，那些是少數個案，多數客戶接受附帶解釋更高收費能帶來更優質服務的變動。

很快又有另外一波增幅跟進，先是上漲5％，然後再連續兩次上漲3％，來到比開價高出差不多50％的水準。

令人訝異的是，與此同時轉換率也提高了，一方面可能是因為多出來的金額再投資到公司，所以企業規模看起來更大也符合價格，這樣的投資讓該公司獲頒眾多產業的獎項。

下一個商業策略發展是對顧客體驗的關注，顧客體驗的設計不只是滿足客戶期望，而是加以超越。該公司也改變原本用不同工作單位提供服務的形式，換成以固定的時間和金錢商談要交付的內容，如此一來，就能有效將銷售單位標準化。

公司也發現有些員工資歷太淺，無法掌控好客戶關係，所以對此進行額外投資，確保提供服務的能力可以配合顧客需求，包含在組織裡安插客戶管理的職位，加強策略總覽。公司致力於服務和關係，尤其是提供與客戶之間的更好溝通，讓各方都受惠。在這段期間，價格又上漲20％。

整整五年間，公司由二人小組發展成六十人團

> 隊。利用較高價格來探索並為企業增加價值，是這個
> 成長故事成功的不二法門。

顧客決策情境

　　想要找出方法幫助顧客評估價值，並塑造價值，可以觀察他們的世界，並評估對方進行決策的情境。例如，顧客可能會將高交易成本或情感層面成本連結到當前的購買行為，如果能加以辨識，就能想辦法幫助他們克服這些成本問題。

　　進行這個分析的一個有用架構是由一組顧客決策尺度或蹺蹺板表示，如圖9.1所示。在做購物決策時，尤其是要購買新產品或替代產品時，顧客會權衡問題的嚴重性與解決方案的成本。

　　在這個分析中，問題嚴重性包含單純的「麻煩因素」——顧客是否夠在意你試圖解決的問題？他們是否遇到資訊超載，所以可能忽略你傳遞的新資訊？你要處理的困擾或問題，是否在他們關心的「頭號」名單上，而且他們主動尋求解決？或是在次要名單或甚至排序更後面的名單上？要怎麼做才能把這件事移到頭號名單？如果這件事仍然不在頭號名單上，他們可能根本就不打算處理。

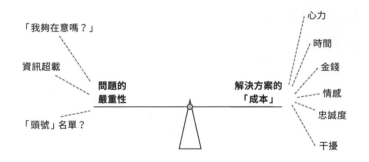

「我夠在意嗎？」

資訊超載

問題的
嚴重性

「頭號」名單？

心力

時間

金錢

情感

忠誠度

干擾

解決方案的
「成本」

圖9.1　顧客「權衡」購買活動

　　從另一端來看，顧客感受到哪些成本？不只是金錢，也包含討論和尋求機會所需花費的心力、這些心力占用的時間，以及他們是否認為有多餘時間和精力可用。改變一個習慣也會產生情緒成本（emotional cost），可能是對現行解決方案具備忠誠度或信任感，如今卻要被取代。這也與干擾程度有關，這個問題會對重要的個人目標造成多嚴重的干擾？儘管「成本」不見得都是金錢方面，但也有可能是，那麼你能減少哪些成本，好在提高價格的同時，仍能推動蹺蹺板。就算價格調漲，最終結果也會讓整體成本降低，就是一個有用的改善。

練習題

刻畫顧客決策情境

　　為你的公司想一個特定的潛在客戶，並回答下列問題。如果有些問題不好作答，找找看要做什麼來獲得必要答案，或許是進行一些實務調查，或與顧客進一步討論。

問題的嚴重性（越嚴重越好）

1. 顧客有多大的動力做出這個改變？在這個個案中，原因為何？

2. 顧客多常接受類似或競爭供應商的訊息？要如何讓他們避免資訊超載，方便做出決策？

3. 這個問題是否在他們的「頭號」名單上？如果不是，名單上的內容為何？又要怎麼做來提高該問題的重要性？

解決方案的「成本」（整體成本越低越好）

1. 為了採取下一步行動，你要求顧客付出什麼努力？要如何減少所需心力？

2. 他們要花多少時間來達成該任務？你能減少所需時間嗎？

3. 交易價格有多重要？現金流的時機或結構如何——或許時機會比數量來得重要，或是明顯傾向分期付款？他們用什麼參照點來輔助決策？

4. 有什麼情感層面的因素會影響決策？對方是否喜歡改變而尋求變化，又或是偏向保守？

5. 他們對目前的作為是否具備忠誠度？有沒有哪些現行安排好的供應關係需要取代？

6. 他們認為你的解決方案對自己追求的優先順序造成多少干擾？有沒有什麼方法可以強化交易的重要性？

　　從顧客做決策的內部來理解決策情境，能帶來寶貴的效果。使用蹺蹺板進行練習時，要了解自己產品與「顧客當前生活情況」相比，優勢和弱勢何在，也就是要比較他們面對或自認遇到的其他問題。結果能幫助我們提升知覺價值，並設法讓顧客更容易購買。

本章摘要

- 是否能以圍欄實驗進行安全測試，觀察實際將售價翻倍後的結果？
  → 當進入新市場時？

→ 當推出新產品時？

→ 藉由提高平均交易價值？

→ 藉由創造類似產品？

- 或是能否進行思想實驗，看看需要怎麼做才能更放心把價格翻倍？

- 這麼做的公司常常會對結果感到驚訝，而且更重要的是，因為接受增加價格及其結果，得以脫胎換骨。

- 就算只是做價格翻倍的思想實驗，也能敦促公司用新眼光看待事物，能用健全方式重新審視顧客世界中的價值原則。

考量要點

把價格翻倍	顧客決策
是否有安全的方式能測試如果將價格翻倍會怎樣？ 例如：進入新市場、推出新產品、創造類似產品	顧客如何權衡決策？ 刻畫他們的決策過程。 例如：心力、時間、金錢、情感、忠誠度、干擾

本章練習題

1. 把價格翻倍。

2. 刻畫顧客決策情境。

為什麼他的商品可以翻倍賣？

10

善用客戶的認知偏誤

管理科學、心理學和行為經濟學中，有些精彩論述涉及認知偏誤，還有人們在做決策時會受這些因素影響的情況。這是一個重大又趣味的議題，迅速了解這一點能幫助我們更理解推動訂價和一般購買行為的因素。這個學科是B2C市場中，實體做決策的「命脈」，也在B2B市場裡占有一席之地。

此外，身為消費者的你，也能利用其中的要點來抵禦某些常見的招數，並藉此獲得更好的交易條件。

提醒一下，前面提到長期訂價過低，主要是因為認知偏誤作祟，而認知偏誤有好幾種，其中有好一部分涉及框架效應和促發。我想強調這一部分，幫助理解顧客看待價格的觀點，因為我們能從中了解公司制定和調高價格的情況。

好幾個認知偏誤之所以存在，是因為人類演化造成，尤其是我們的祖先需要能快速、反射性地做出決策。

康納曼在著作《快思慢想》[1]中提供精闢的說明，提到人腦是以系統一和系統二做決策的原理。系統一的速度快，藉由運用經驗法則，並取用深層經歷的捷徑來做出多數決策。系統二的速度較慢又更有邏輯，但卻受到強勢的系統一牽制。這兩套系統在人類演化的歷史裡發揮正向作用，現在卻被政客、媒體及行銷人員操縱，用以放大自身利益，而不見得真正回饋到消費者身上。雖然多半決策是由系統一主導，但是系統二卻誤以為一切在掌控之下，可以說人類的意識心理會在回溯時為決策找理由，但由於原先是潛意識心理做出

的選擇，所以找到的理由往往不正確。長期以來，可以見到許多顧客無法充分解釋自己購買的原因和模式，他們表明的理由也禁不起推敲。

顧客深受行為的捷思法和偏誤影響

數十年來，許多測試顯示消費者的決策異常不理性。然而，他們自己卻不這麼認為。這一點格外重要，多數人被詢問時，總是會說自己是好好想過才做出購買決策，但是所有證據卻顯示，多數人的實際情況正好相反。

因此，可總結到以下所說的內容屬於大多數購買者「忽略沒注意到的」，他們受到下述因子左右而不自知，除非特別經過訓練才能察覺。

促發偏誤

促發是指無意識中認為最先接受的資訊，遠比後來獲得的資訊更重要。換句話說，最初資訊會改變對後續資訊的認知，第一個資訊比第二個資訊來得重要，第二個資訊又比第三個或第四個資訊更重要，以此類推。

菲利普·葛雷夫（Phillip Grave）在著作《顧客心理戰》（*Consumer.ology*）[2]中，提出簡單例子闡述這個道理。請你快速瀏覽以下兩人的描述後，回答較喜歡約翰或馬克？

- 約翰：聰穎、勤勉、直來直往、好批評、固執且嫉妒心強。
- 馬克：嫉妒心強、固執、好批評、直來直往、勤勉且聰穎。

　　儘管兩者的描述只有陳述文字順序的差別，但是多數人都會回答約翰。因為人們不是忙碌，就是懶惰，或是由於我們的祖先需要處理資訊並迅速做出決策，所以我們會在看了前半部的敘述就心裡有底，之後也不想要變更。

　　稍微理解這一點後，就能明顯看出，只要調整提供資訊的順序，就能影響他人的認知。這種資訊編排的方式會為提案加分或扣分，現在就試試把這一點套用到虛構的休旅車範例中：

- 一號休旅車：尊榮版、寬敞、舒適、玩樂專用、可越野、抓地力不佳、高油耗、不好停車又不環保。
- 二號休旅車：不環保、不好停車、高油耗、抓地力不佳、可越野、玩樂專用、舒適、寬敞及尊榮版。

　　雖然兩者的描述一模一樣，但是哪個吸引力高一看便分曉。

再舉一個促發偏誤的例子，這是節錄自康納曼著作的內容[3]：

　　球棒和球要花費 1.10 美元。

　　球棒比球貴 1 美元。

　　請問球的價格是多少？

你覺得答案是什麼？

多數人會回答 0.10 美元（即 10 美分）。

正確答案是 0.05 美元（即 5 美分）。

這個問題有兩種解法：一種是憑直覺作答；另一種是花時間仔細思考。憑直覺回答法大幅受到促發的影響，大腦很難不看到 1.10 美元和 1 美元，並計算出差值為 10 美分，然後給出錯誤答案。

另一種作答方式則是使用代數。我們一起來計算，以數學來看球和球棒加起來是 1.10 美元，

所以球＋球棒＝ 1.10 美元……(a)

且

球棒價格比球貴 1 美元

所以球棒＝球＋ 1 美元……(b)

將 (b) 式代入 (a) 式

球＋球棒＝1.10美元

（球＋1美元）

得

球＋球＋1美元＝1.10美元

或

2球＝0.10美元

即

球＝0.05美元

因此，一顆球的價格是0.05美元（即5美分），而不是大腦直覺想到的10美分。

以下再舉康納曼的另一個範例，配合字卡展示的效果最好，不過先姑且這樣一試。

在五秒內，用猜測或大略抓出以下兩個算式的答案：

- $1 \times 2 \times 3 \times 4 \times 5 \times 6 \times 7 \times 8 = ?$
- $8 \times 7 \times 6 \times 5 \times 4 \times 3 \times 2 \times 1 = ?$

有數學概念的人馬上就知道兩個算式答案一樣，不過讓一群學生作答時，他們的平均猜測如下：

- 1×2×3×4×5×6×7×8＝？　平均猜測＝512
- 8×7×6×5×4×3×2×1＝？　平均猜測＝2,250

再次看見把大的數目放在前面，結果會有差別。

因此可知促發的強大威力，還有大眾多麼深受影響。你該想的關鍵提問是：在自己的企業裡，要怎麼運用促發來促進資訊效果，尤其是在訂價時提升知覺的觀感？

敏感度遞減偏誤

我說過多數消費者自認為理性決策者，但是就很多情況來說，這並不正確。敏感度遞減偏誤（diminishing sensitivity bias）表示，同樣價值的決策會因為情境變化而受到極為不同的對待。

例如，比起多走十分鐘的路程，購買600美元商品，省下10美元，一般人寧可多走十分鐘的路程，購買25美元的商品，省下10美元。這時候在兩個例子裡，10美元的金額一樣，要節省所需付出的代價也一樣，照理說10美元對省下花費心力的吸引力相同。不過撇開邏輯，這10美元在總價格中所占的比例會影響其價值。這分明不理性，因為10美元就是10美元，而省下這些錢要付出的心力都一樣。

損失規避

損失規避是一個常見偏誤，是指我們看待損失和獲利的態度不同。一般而言，損失比起獲利更有感。

1979年，心理學家康納曼和阿摩司‧特沃斯基（Amos Tversky）[4]提出損失規避的概念。康納曼接著用經濟決策研究認知過程，並在2002年獲頒諾貝爾經濟學獎。

我們來檢視這個社會科學的知名案例，稱為「救災難題」（disease problem）[5]。

試想有一場疫情爆發，你要選擇兩種方案之一來處理會影響600人的疫情。

- 你會選擇以下哪一個方案？
  A：確定200人存活。
  B：三分之一的機率600人全數獲救，三分之二的機率無一倖免。

現在換一個方式提問：

- 你會選擇以下哪一個方案？
  C：確定400人死亡。
  D：三分之一的機率無人罹難，三分之二的機率600人全數死亡。

多數人（原樣本中72%的受試者）在第一題選A，第二題選D（78%）。然而，A和C一樣，且B和D也一樣。多數先選A而後選D的人是因為（完全相同）結果的描述方式而改變選擇。因為人們對損失的不適反應遠大於獲利，選擇B和C都表示必定會有損失，清楚表達這種偏誤，才會讓人做出如此選擇。

同理，如果某個投資機會有50%的機率能讓投資基金翻倍，50%的機率會損失全部基金，多數人會不願意投資。這是因為潛在損失或比潛在獲利更令人難以忍受，即使平均而言這是一個制勝策略6。

我們注意到投資人較想留著會賠錢的股票，而會賣出能賺錢的股票，不過相反過來的情況才合乎理性。

利用損失規避的商業例子，包含免費樣品和免費試用期，如免費訂閱。一旦人們持有某樣東西後，損失的情緒成本會高於將其留下的成本。公司有時候會把適用訂閱期限到期塑造成一種損失，訴諸顧客心中的損失規避偏誤。

來源偏誤

來源偏誤（source bias）是指在不同情境下，對相同物品賦予不同價值。簡單的例子是一罐可樂，大家願意在超市裡為一罐可樂支付的金額，遠低於在豪華飯店大廳願意為一罐可樂支付的金額，這罐可樂是一樣的，但價格卻天差地遠。

可以說販售的場景也會被納入產品的一環，然而理性的大腦會知道，這是用巨大價差販賣完全相同的產品。在這個例子裡，理性做法是到附近的超市買一罐可樂回飯店喝。

定錨效應

定錨是商業中常被拿出來達成非凡效果的強力概念，現在以協商理論（theory of negotiation）來舉例，回想第2章提到在市場買毯子的例子。這是常見的議價情境。你看見一條想要的毯子，上面沒有標價，這條毯子要賣多少錢？

你詢問價格，老闆出了一個高價，而你回應一個低價。有可能買賣雙方折衷而成交，也可能談不攏價格，所以你換到別家購買。這就是經典的議價，價格未知，所以協商過程主要是為了訂出價格。

先出價與否是一個經典問題，你要先出價，還是先詢問對方價格？先出價的那一方會在協商中「定錨」[7]。

之所以稱為定錨，是因為就像船錨一樣，一旦擺放下去，就很難挪動到新位置。

在定錨情況中，人們往往會以第一個接收到的資訊，當作後續決策或行動的指引。

日常定錨的例子是商店中的價格標籤，把物品標價後，店家便決定難以移動的錨點。注意：困難是困難，卻並非絕對不可能。我通常會叫學生到百貨公司殺價買東西，當成個

人成長挑戰（聽起來很出人意表，但是確實有效）。

另一種定錨方法是，在便宜商品旁邊擺放昂貴商品，讓便宜商品看起來更有價值：

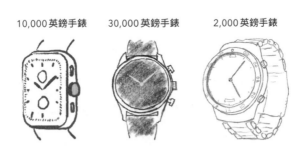

10,000 英鎊手錶　　30,000 英鎊手錶　　2,000 英鎊手錶

看看上述例子，如此安排三個價位，會讓2,000英鎊手錶看起來很有價值。

一旦注意到這種現象，就會時常發現身旁周遭的定錨例子。

參考價位的框架效應和促發

商家很懂得這一點——為類似產品設定高低不同的價位，這麼做可以說是為了提供符合形形色色品味的產品，但是在觀看最高價位產品時，問問自己：它們真正賣出的情況有多常發生？或者只是擺放出來，讓其他產品看起來更有價值？分階層的價格，使用多重價位，是一個非常強大的做法。

市中心的店家通常會展示價格極為昂貴的產品，最後購

物者習慣高價，稍低一點的價位就會覺得很有價值，或是至少在某個時刻，會讓購物者感覺夠值得。

同樣地，還有一種偏誤被我稱為「商場效應」（emporium effect）。你是否逛過一種集結眾多共同主題的商店，販賣類似產品的商場？一旦踏入其中，就表示你是潛在顧客，而商場效應是指你看到選擇太多，所以需要有人幫忙提供建議才好選擇。所幸，商場中有很多專家願意給你「最佳選擇」建議。同樣地，價格之多也會產生定錨效應。如果在家中或辦公室裡，理性一點來看某產品的價格，得到的看法會和置身滿滿高價堆疊的環境中截然不同。就像上述提到的手錶例子，在貴得離譜的產品面前，普通貴就會讓人覺得很有價值。

順帶一提，也可以注意到，如果你想快速觀看眾多購物選項，特別是如果想多了解可得選項的廣度與多樣性，商場可能是絕佳選擇（簡直無可匹敵），因為不在商場很難有這樣的機會，或是會耗費時間，這也解釋商場會這麼受歡迎的原因。

戰術價位——用價位當路標指引

多數人會在一般連鎖咖啡館注意到這三種價位：

小杯	中杯	大杯
1.85美元	2.10美元	2.45美元

這些價格正是美國星巴克（Starbuck）一般咖啡的價格，不過其中關聯性放諸多數販售咖啡的店家皆準[8]。

如果你想喝咖啡，於是進入當地一家咖啡廳，注意到能用1.85美元買一杯咖啡。不過你的眼神往旁邊一掃，看見有趣的現象，你察覺多花25美分，就能有更大杯的咖啡，變成「水桶」等級；再加35美分，又能買到更大杯的咖啡，變成「澡盆」！心想這樣划算多了，你該如何選擇呢？

顯然多數人會選擇中杯：根據卡車營運商協會（NATSO）指出[9]，中杯是最多人購買的，利潤率幾乎高達2比1。

既然中杯是主流，為什麼還要有小杯？當然是因為小杯要用來引導你購買中杯（或大杯）。類似於促發，小杯是價目表上第一個，會用來評估後續選項。換句話說，1.85美元是一個錨點，用來引導你多買，這就是利用戰術價位幫助顧客做出特定決策。

附帶一提的是，可以注意使用的語言。比起使用小杯

（Small）的說法，有些廠商會使用特別的講法，星巴克就把「小杯」容量的稱為中杯（Tall），「中杯」（Medium）容量的稱為大杯（Grande），而「大杯」（Large）容量的則稱為「特大杯」（Venti）。

再來看一個例子，《經濟學人》（*The Economist*）是備受讚譽的商業雜誌，在1843年創刊。根據麻省理工學院（Massachusetts Institute of Technology, MIT）的丹·艾瑞利（Dan Ariely）[10]所說，《經濟學人》在網路上提供三種訂購方案：

- 網站版：59美元
- 紙本版：125美元
- 網站版＋紙本版：125美元

看到這些選擇後，會注意到中間的選項似乎不理性而多餘，既然能用同樣價格買到網站版＋紙本版，為什麼要選只有紙本版的？

艾瑞利對麻省理工學院的受試者進行兩個實驗，詢問他們會在這三個選項中如何選擇？

他得到以下的結果：

- 網站版：59美元　　　　　　16％的人選
- 紙本版：125美元　　　　　0％的人選

- 網站版＋紙本版：125美元　　84％的人選

算一算每位顧客的平均花費（或平均價格）是114美元。

多餘的中間選項沒有人選，大家都選第一個或第三個，這大致符合預期。

接著他把中間看似不理性的選項「紙本版」去除，再做一次實驗，結果如下：

- 網站版：59美元　　　　　68％的人選
- 網站版＋紙本版：125美元　　32％的人選

算一算每位顧客的平均花費（或平均價格）是80美元。

你看見選擇「網站版＋紙本版」的人數大幅下降，而「網站版」的人大幅提高，換算下來，人均花費減少30％。我們從第5章得知，光是價格變動1％會對獲利能力造成多大的影響，可想而知對企業來說平均價格降低30％的損失有多大。

這是怎麼一回事？明顯可見中間選項會幫助人們做決策，而讓《經濟學人》獲利，有些人會說顧客也受益，因為他們有雜誌可讀，這是另一個戰術價位改變人們決策的例子。

不僅如此，如果調動上述兩個方案的順序，可以注意到改變價位的數量和間隔對平均交易價值的影響。公司利用這個機會探索其訂價策略，不僅B2C的情況如此，對

B2B 也會產生具體效果。改變價位的順序或數量，會得到不同的平均交易價值，簡單測試就能帶來一些潛在的改進。

　　如果你打算這麼做，值得思考的是，雖然有時候能用這種方式合理推測影響顧客決策的因素，但是做實驗來找出有效做法仍無可取代。設計安全的實驗並對顧客試驗，大概是預測做出改變會發生什麼結果的最可靠方法。

接受偏誤

　　縱使多數人自認理性，並推斷其他人也是理性的，但眾多可觀的研究證據卻顯示結果正好相反。這表示接受偏誤存在並加以運用的公司，會發現新方法來影響顧客行為，並達到「擴大交易」的效果，又或是讓顧客更容易購買。

　　這種現象在現代經濟中無處不在，從高級手錶到鬧區連鎖咖啡廳都有。既然我們已經注意到眾人和市場往往不理性，公司便藉由使用框架效應和促發的手段來提升價值（通常價格會增加）。更詳細來說，公司會使用框架效應和促發手段指引顧客購買應該買的產品，或是讓他們購買更高價的產品（這些公司或許會說，這樣長期而言對公司好，對顧客也好）。

　　對有充分資訊的顧客而言，理解這些偏誤當然有助於避免任由公司擺布，而依照那些方式做出決策。

練習題

找出你所屬組織中的偏誤

想想自己的公司裡，有哪些左右你決策的偏誤？在有些情況中，促發是否明顯影響你的決策？你是否會審視自己的決策，以及你用以制定決策的外部參照點？你能否採取更全面的方法？

	本日	本週
促發偏誤： 最初資訊會改變對後續資訊的認知。		
敏感度遞減偏誤： 尋求理性和用數字來客觀衡量事物。		
損失規避： 我們對知覺的損失和獲利事項的看待方式不同。確認一下把每次損失改為獲利的情況會如何？		
來源偏誤： 隨著情境改變而對同樣事物賦予不同的價值。		
定錨效應： 定錨後難以移動到新位置，如同船錨一般。		

偏誤會影響做理性決策的能力，這不表示一定會做出不當決策，而是採取的流程不符合理性邏輯。因此這個練習題要用來尋求理性，並提高其程度——適合好好養成習慣，因為長期下來會更可靠。針對每一個偏誤，想想是否存在你公司的流程、程序及決策之中。思考看看哪些因素會影響決策方式，並思考這幾項是否適用今日和接下來一週。一旦填完表格後，就可以思考是否要挑戰特定決策背後的想法、其依據為何，還有是否要做出改變。

本章摘要

- 研究顯示，大眾和市場經常極不理性，只是自認理性或表示理性。

- 公司會利用強大的框架效應和促發等認知偏誤手段來提高價值，從而增加價格。

- 公司常會使用戰術利用這些偏誤，引導顧客購買價值似乎較高的高價產品。

考量要點

接受偏誤
你察覺哪些顧客偏誤？ 競爭對手如何利用這些偏誤來增減顧客價值？

本章練習

找出你所屬組織中的偏誤。

為什麼他的商品可以翻倍賣？

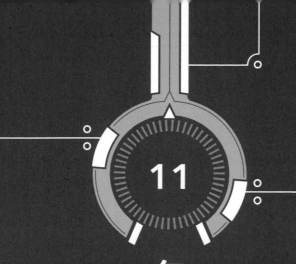

11

包套、升級與其他的漲價策略

再次重申在第 1 章所說的，本書講的提高價格，並不是為了斂財，我從頭到尾對提高價格的建議，都是為了幫助高成長企業能存活並鴻圖大展：對產品開發和員工進行更多再投資、製造更好的產品，並帶給顧客更大的價值。換句話說，在價值階梯上爬升。

從中可清楚看到良性循環，不過很多公司在達成第二部分時，缺乏適當訂價和利潤率結構來好好支持。畢竟，企業想要有安穩而長期的成功，就要開發持續性競爭優勢和有效的商業策略。這些通常都需要投資，而最容易資助投資的方式便是取自於毛利率與利潤率。

價格和利潤率增加，就能多投資在員工培訓並支付更多薪資，從而讓員工更快樂、更具生產力，以及更熟練。

尤其是對中小企業和新創公司來說，在該產業中爬升價值階梯，要獲取更富有且有眼光的客戶，設定適當的價格（通常會比當前來得高），都是這段歷程中的重要一環。

因此本章會延伸這個主題，繼續檢視更多當今各公司用來提高價格的技巧。身為消費者的你，也可以問問自己中了多少招，以及能夠如何反制。

進行兩大翻倍練習——你能把價格翻倍嗎？

我聽聞公司或創業者走到末路總是感到哀傷，偶爾和這

些倒閉公司的前顧客對談，他們有時候會表示，不敢相信這些倒閉公司的產品或服務竟然如此低價。真可惜他們沒有把這一點告訴那些公司！這樣一來，說不定當初公司就能繼續經營，不至於讓顧客無法使用其服務。

一家位於倫敦的成功專業服務企業的一群合夥人和我對談，他們哀嘆一位瑞士鐘錶修復專門師傅「停業」。這位師傅很擅長修復各式各樣的瑞士機械錶，並且和鬧區商家或是送原廠維修相比，「便宜得不可思議」，收費大概只要四分之一。非常可惜的是，他們沒有更坦白告訴對方這件事，只要調整一點價格，就能繼續提供服務。

同樣地，我時常會告訴喜愛的餐廳，認為餐點價格太便宜。既然我喜歡對方販售的餐點，就不希望對方倒閉而再也吃不到。最常發生這種情況的是新開的餐廳（新餐廳的失敗率令人震驚[1]）。通常一家新餐廳開張，比如創辦人為圓夢而開的，但是經過幾個月後，帳目結算下來，發現生意慘澹，或是正常經營，結果還沒等到財務報表出爐，企業就現金短缺，銀行帳戶透支，接著便倒閉了。

價格低到不切實際的情況，往往會導致停業。一家公司如果賣 300 英鎊可以成功，卻只賣 100 英鎊（原因如同本書所述）而歇業。這聽起來是一個極端的例子，但是既然這些公司無法繼續提供服務，顧客選擇就會變少，市場上的競爭也減少。

因此，想想看第 9 章所說的價格翻倍練習，是否有安全

的方式可以進行市場測試？如果有的話，我大力建議你找其中一種測試來進行，幾乎總會帶來有趣的結果，而且做對的話就能讓企業脫胎換骨。還有另一種「輕量級」做法——也許能進行思想實驗。要怎麼做來讓翻倍價格合理化？需要用什麼理念、傳遞訊息或是其他方面來達成這一點？問題的答案或許能提供漸進式提高價格的解析。

其他漲價策略

本書詳細說明把價格翻倍的原理、潛在認知障礙和做法。然而，可以多談談當今公司還採用哪些一般策略來達到訂價目的，這樣也能讓自己多熟悉狀況，避免成為苦主。

顯性或隱性手段？

廣泛來說，公司會用兩種方法來提高價格，包含顯性和隱性手段。

顯性（overt）當然是指透明可見的，例如顯性增加價格的方法，是直接將標價提高一倍。

相反地，隱性（covert）提高價格的方法比較難以察覺，或者說是隱藏起來，有時候會含糊地帶過價格，或是要顧客多花工夫才能找出實質價格。隱性手段通常沒有改變標價，或是沒有明標價格，而是提高平均交易價值規模。我們在第2

章看到，交易價值是公司用來有效提高整體價格的方法。金融服務業有時候會這麼做，把費用隱藏起來，而沒有顯示實質價格，有時候也會因此引起監管該產業法規的人士關注[2]。

這兩種手段有利有弊，我們會在本章舉幾個例子說明。可以多留意的是，這兩種手段不是只能擇一使用，有些公司會雙管齊下。我個人主張在做生意時要透明誠實，讓顧客能清楚看見價格，而用顯性方式提高交易規模，往往是較符合道德的做法。

增強差異化和品牌角色

各家公司注意到顧客越難以比價時，就越容易不受競爭對手設定的價格限制。因此，增加比較難度的一個方法是增強差異化，也就是讓推出的商品更不同於其他品牌。

先前提過獨特銷售主張的概念——提醒一下，這是指公司所做的事，因為顧客夠重視而願意付費，並且與競爭對手有所差異（更勝一籌）。運用獨特銷售主張要素，是向顧客傳達為什麼要向你購買的重要方式。因此，可以問問自己：如何讓顧客心中更明白自己的獨特銷售主張？如何讓獨特銷售主張更獨特且不同凡響？

我在第6章談論品牌行銷和灌注情感價值，而情感價值是今日複雜市場中產品和服務的關鍵面向。公司品牌及其相

261

關訊息是傳遞價值的關鍵，因此會改變顧客對提供商品的認知。我所說的「品牌」不是指公司的實體商標，而是指結合公司名稱、視覺形象，還有最重要的相關訊息和理念，並且用於傳達給大眾的管道，或是反映其中。

我遇到一位從事快速消費品（Fast-Moving Consumer Good, FMCG）產業的行銷人員，對方表示公司估值超越資產負債表（balance sheet）上的淨值，就是因為品牌價值的存在。換句話說，品牌本身就會對資產淨值（net asset value）帶來溢價。相較之下，以傳統方式來看，公司價值取決於獲利能力，或是經過一段時間能有多少現金增值。這種看重品牌對估值帶來的非實體資產觀點，可能只是行銷人員的一己之見，但也相當耐人尋味。

根據《富比士》（Forbes）指出，全球最有價值的十五大品牌，包含可口可樂、蘋果、LV和豐田汽車（參見表11.1）[3]。我選擇這4家是因為光讀到它們的名字，就會對該公司及其產品有些概念，而感受到其價值所在。此外，由於受眾不同，訊息也會有所差異，因為這些公司兼具B2B和B2C（或甚至B2B2C）的模式。因此，亞馬遜雲端運算服務（Amazon Web Service, AWS）的B2B顧客，可能會想到該公司的技術能力和可靠度；而消費者可能想到的是優質服務與琳瑯滿目的選擇。相較於實體價值，這些方面都有充足的情感價值。

如果從消費者的角度來看LV，該品牌與哪些理念和訊息

表11.1　富比士最有價值的品牌年度排行榜（單位：10億美元）

排名	品牌	品牌價值	品牌收入	產業別
1	蘋果	241.2	260.2	科技
2	Google	207.5	145.6	科技
3	微軟	162.9	125.8	科技
4	亞馬遜	135.4	260.5	科技
5	臉書	70.3	49.7	科技
6	可口可樂	64.4	25.2	飲料
7	迪士尼	61.3	38.7	娛樂
8	三星	50.4	209.5	科技
9	LV	47.2	15	奢侈品
10	麥當勞	46.1	100.2	餐飲

連結？如同所有的奢侈品品牌，優點大多無形又與消費者觀感相關。一般人會購買奢侈品，是因為能帶來良好感受：提升對自己、對世界或甚至對未來的感受，這個無形層面導致他們會用比功能類似產品多十倍的價格購買奢侈品（回顧第4章的類似例子），這就是情感內容的威力。

　　將情感內容挹注到高成長企業的產品，關鍵步驟是了解顧客認可的價值觀，藉此設法引發他們的同感。因此要提供情感價值，正常來說不是針對內部的實行方法──而是要「踏出公司」與顧客互動。真正有用的就是要讓顧客有所感觸，用這種方式理解他們，便能在設計品牌、想要傳遞的訊

息和策略時，可以呼應並支持他們的各種價值觀，而且實質上要有別於競爭品牌——從而增強差異化。

舉一個簡單例子，一家尋求成長的會計公司合夥人來找我。這家公司規模偏小，卻做得有聲有色，在英國的省級行政區城市中屹立不搖。該位合夥人想知道如何達到成長，並在成長不算快速的市場裡獲得新客戶。我詢問該公司說了哪些話來爭取新顧客，以獲取銷售轉換率，對方回答：「我們向潛在顧客說明本身是具專業資格的公司，我們勤奮、誠實且收費合理。」我必須告訴他這些明顯都是相似點，任何一家正常的會計公司也都可以做出相同主張。

很多企業沒有將自己與競爭對手差異化，提供的服務沒有什麼不同，並且未能充分表明為什麼顧客要選擇它們。多家企業都說出同樣的話時，競爭這些相似點難以鼓勵猶豫的潛在顧客向它們購買或轉換，除非他們對原本配合的供應商感到不滿。如果市場沒有成長、沒有產生新的顧客，每次增加銷售都表示是從競爭對手那裡搶走客人，所以這一點又特別重要。

回到會計公司的例子，與其提供相似點，真正需要的是差異點（Points-of-Difference, POD），也就是差異化：是什麼因素讓公司不同凡響？憑什麼客戶要把案子交給這些公司，而不是別家？就算這家公司不能真正聲稱有更厲害的客戶服務、較高顧客滿意度、快速回應問題，或是其他競爭優勢，

仍要突顯出獨特之處。

　　一定有機會發揮創意，尤其是在難以找出明顯差異點的情況。快速「思想實驗」能提供創造差異化，和突顯這一點原則的要點：既然這家會計公司在城市裡，而多數城市都會有某些社會議題，因此可以幫助應對城中有這些問題的當地慈善機構，甚至是自己做慈善。所以，未來向顧客進行銷售拜訪時，可以更換原本的銷售簡報，而是談談公司的慈善事業、各種創舉，以及為了解決城裡的社會問題，嘉惠社區所盡的心力。談完這一點後，說不定顧客便不再詢問該公司是否具有專業資格或勤奮，而會認定它是良好的合作對象，也是值得支持的公司。這個例子只是單純的思想實驗（需要經過檢驗才適合實行），但重點是要設法差異化，並找出過人之處，如果所做方式符合顧客的價值觀，就是非常成功的策略。

　　提及相似點的主題，你是否曾到哪一家餐廳，會說大廚的表現一般、僱用的服務生都是廉價勞工，還有大量使用冷凍產品？當然沒有。每家餐廳都會說自己的大廚很優秀，使用新鮮食材，並且廚師以巧手製作出高品質餐點。這些又全是相似點，如果每家餐廳說的都是同一套，就沒有能幫助顧客做選擇的差異化，更成功的餐廳會設法在提供給顧客價值的產品（包含訊息傳遞）中與眾不同。

　　因此，每位企業家面臨的挑戰在於採取有用的方法，藉由透過訊息傳遞和理念為顧客創造情感價值（對餐廳而言，

當然也少不了提供好餐點！），讓自己脫穎而出。

實際價格可能有別於標示價格

　　有些產業會含糊帶過顧客真正要付出的費用。一個知名例子是廉價航空宣傳1英鎊搭乘飛機，但這個價格不是顧客要支付的總價，另外要支付稅金，想託運行李也要額外付費，還有要機上餐點費、優先登機費、指定座位費，以及近期才停收的信用卡支付附加費，也就是刷卡支付實際機票金額時加收的費用（這一項被執法者盯上，所以現在變得很少見）。此外，一旦上了「賊機」，顧客就會被各種升級方案推銷，像是摸彩券、餐飲費、目的地城市車票等等。

　　線上賣場也會使用類似伎倆來隱藏實質價格。相較於亞馬遜 Prime 這種服務列出尊榮級送貨的所有收費，其他透過亞馬遜販售或是 eBay 等平台的賣家則會另外收取運費。包含內建在眾多這類供應商的應用程式和網站情況，有很多線上搜尋引擎會依照標示價格進行搜尋，卻通常並未計入運費。這表示有一家供應商提出價格為100英鎊含運，另一家列出的價格則是30英鎊外加200英鎊運費，明顯是把腦筋動在運費上。所謂的低「價格」在搜尋結果中會優先顯示，消費者一時不察就會漏看運費，直到後續購買流程才發現，或是從頭到尾渾然不覺。

這種對顧客搜尋過程「耍手段」的做法並不可取，但還是有著一定的效果，因為使用的人不在少數。筆者撰寫本書之際，eBay 也允許能用含運的方式，顯示產品由低價到高價的搜尋結果（「最低價格＋含運費」），而亞馬遜卻只會顯示依照不含運費的價格排序結果。不過透過生意頭腦，eBay 賣家也發現可以對「最低價格＋含運費」的篩選功能鑽漏洞，包含一個低價品作為選項，就會同時顯示在排序結果中。例如，把單價 10 英鎊商品列為 1 英鎊電線的替代選購品，搜尋演算法就會採用較低的數字，在 1 英鎊產品的排序位置顯示10 英鎊商品。

運用價目表提供選項

通常高成長企業不曉得顧客打算花費多少錢，既然不知道有多少預算，就有可能錯過原本更高價格的機會，因為報價較低是「沒有得到最大應得利益」。公司破解這個方法的一招是，透過價目表和額外選項的方式，讓顧客表達自己願意花費多少錢，專門能用於增售或升級方案。

一個好例子是汽車業，瀏覽 Range Rover 休旅車網站後，得知我能以 11 萬 5,960 英鎊買到標準內飾護板的長軸版車型。對汽車而言，這是相當高檔的價位。然而，還有價位或高或低的多種變化款。「陳列」這些商品就是運用價目表，

讓顧客顯現出對不同價位的愛好。

此外，如果在Range Rover休旅車選購網站上，勾選所有的選項，花費在一輛Range Rover的費用會來到總價21萬1,454英鎊，跟標準車款相差95,494英鎊，換算有82％的差價。這麼做等於提議有更多預算的顧客，把交易規模提高到82％。只有Range Rover自己知道配合這些選項的相關變動成本，還有因此對利潤帶來多少貢獻，不過價目表說明如何藉由增加平均交易規模提高價格。

同樣地，公司也經常會考量如何利用「強化版」或多選項價目表，引導顧客表明是否願意購買尊榮級商品。這對不知道實際預算的情況來說，特別能夠奏效。如果顧客有更多的預算，即可好好運用，只要理由夠充分。

向顧客推銷增售和升級方案

一旦公司獲得顧客，都已經花費心力讓顧客準備好消費，不多加運用這個機會就虧大了。公司常用以下兩種實用技巧，來增加總顧客花費。

增售是指提供額外的產品，放入顧客某批交易的「購物籃」中。

另一方面，升級方案則是指讓顧客有機會增加該交易的產品大小或數量。

　　這兩種技巧為漸進式，因為是在原先的基礎上再做加強。

　　這兩種技巧的常見例子，可見於餐廳與餐旅業。速食餐廳很擅長升級方案——詢問顧客要不要換成升級版餐點，或「特大號」餐點（然後連帶把顧客的腰圍都升級啦！）。同理，咖啡廳也會訓練點餐人員，在顧客說要買咖啡或飲品卻沒有指明大小時，詢問「您要中杯還是大杯？」這麼一來，顧客就沒有收到點小杯的提議。這種口頭詢問，一方面意味著那些是最受顧客青睞的選項，同時也算是提供顧客建議，或是採用社會常規。或許顧客也因為促發，習慣忽略小分量選項的「低品質」，如同第10章所見，又或者他們是利用這種方式排除優先考量的低價選項。

　　餐廳業者也很懂得增售，在較正式的餐廳中，服務生在幫忙點餐時，會提議加點配菜或是其他顧客可能特別喜愛的餐點（「要不要點一些橄欖一起吃？」或是「要不要來點麵包沾醬？」），這樣就能增加購買的品項數量，進而增加對應到價值的總交易規模。

　　運用得當，再加上良好的道德準則，這兩種技巧應該透明而合理。然而，有些公司並未交代清楚，往往餐廳的服務生會提議升級方案或增售，卻沒有講明價格；同樣地，有時候也會在桌邊提出「本日特餐」，卻沒有提到價格——在這種情況下，通常本日特餐要價不低。當然菜單上有一般品項

的價目，但是口頭提議經常忽略不提。許多顧客驚覺，這種特餐或是他們無意間點的餐點費用高得嚇人。這些附帶或尊榮級商品推銷做得好的話，可以增加平均交易規模，利用我們在第5章看到的架構提高有效價格。

修改每日工資或總天數

許多服務業者的工作是以日計價，並針對完成某件工作報上所需天數，再將兩者相乘，就能得到總價格。

然而，有些公司發現最好要避開顧客的「敏感點」（也就是會讓顧客拉警報，或是容易拿來比較的事物），而每日工資高就是其中之一。有些公司因應的方法是降低每日工資，並增加所需天數，同時明白或預期這樣的成功機率會較高。當然，這等於向客戶虛報一項工程需要花費的天數，卻能讓供應商看起來收費較便宜，而工作看起來更繁重。（不過也要提供平衡說法，很多這類公司的員工每天工作超過八小時，因此「日薪」的概念已經說不準了。）

如同第2章和第10章提到的認知偏誤，忙碌的顧客會想要在決策時走捷徑。找出顧客的「敏感點」，並加以避免，對高成長企業而言相當重要。

運用搭售組合

　　搭售組合（bundling）指的是，把某個產品或服務搭配其他產品服務來販售，因此是以同一個銷售單位一起販售。如此合賣時，通常搭售組合會有一個單一價格。搭售組合通常被定位為對顧客有更好的價值主張，實際上雖然可能如此，但是也對公司提高交易價值扮演重要的角色。

　　搭售組合能增加交易價值，因此也增加有效價格，其中運用的原理至少有兩種。

　　首先，顧客較難找出個別項目的價格，因此能減少顧客貨比三家，尤其是在各項目不拆賣（有個別訂價）的情況。

　　其次，說服顧客一起買下搭售組合裡原本不打算購買的東西，因此會造成總花費增加。通常搭售組合販售的價格會比個別項目加總來得低，讓搭售組合商品看起來和實際上都比較優惠。

　　搭售組合很常見，與增售有些相似，但是並非從一個基礎向上加的漸進式做法，通常會當作交易的起點。

　　搭售組合的常見例子有速食餐廳的套餐，還有微軟Office套裝軟體。套餐通常包含三明治、飲料和點心，這個「搭配套餐」會比各單品價格加總來得便宜，因此許多人也會購買，如果搭配套餐不存在，他們甚至不會購買相同分量的大小和組合，總交易價值因而增加。

軟體也常以相同方式搭售組合，微軟Office包含文書處理（Word）、試算表（Excel）、簡報軟體（PowerPoint）等軟體，其中可能有3到12個軟體的搭售組合。微軟也提供個人用戶、特定使用者每年付費或買斷的選項[4]。剛開始，Word這類文書處理軟體或Excel這類試算表軟體可以分開購買，但是現在已經找不到這種選項了，顧客會買下一整套，就算不想要或不會用到其中每個軟體。

圖書出版商可能會把系列叢書搭售組合成套裝，顧客可能會為了完整度而買下整套，而不是確切想要的冊數。

亞馬遜Prime搭售組合搭配送貨、音樂、影視等商品；行動通訊公司搭售組合搭配通話分鐘、數據流量與簡訊；電信公司組合搭配電話、網路和影音；餐廳則以套餐來組合餐點。

搭售組合也可以包含截然不同的項目，像是把產品和保固服務組合在一起，服務或產品也能搭配培訓或維修計畫等等。汽車通常會連同保固和服務一起涵蓋在價格裡一同販賣——如果要增售，可能會使用融資貸款計畫，並且帶來的利潤率會比實體車輛還高。

在上述多個例子中，搭售組合的人氣比單賣品來得高。這樣一來，如果是特意安排好的策略，公司會利用個別商品的價位示意顧客購買一整套，也就是列出個別商品的單價是為了強調搭售組合有多優惠，這又是另一個公司用參考價格

来導引買家行為的例子。

要如何在做生意時組合搭配商品仍要視細節而定，不過搭售組合在多個產業中都有相當強大的作用。

設定多個價位

很多公司會用不同的價位販賣多種產品，包含相同產品的不同版本或變化款，又或是類似的產品。例如，有些產品的特色不同，某些比較高階，某些比較基本。

從顧客的角度來看，這樣能夠選擇最適合自己需求的。沒有這種簡單的安排，而是只有單一商品的話，大概只能猜測看看產品是否符合某些特定的顧客。換句話說，多樣變化讓顧客能做出最佳決策、找出最佳配適，這種讓顧客表明自己偏好的原則十分重要。

當然，不同相關產品在特色和優點之間的差異大小與價差高低，取決於供給的公司。公司也發現可以策略性修改並改變產品特色和價格，找出哪種組合最能帶來成功生意。

話說回來，你可以思考看看公司需要哪些產品特色的實際差別。差異可能極大，像是平價智慧型手機和頂級智慧型手機；也可能比較細微，只在於品牌行銷與理念的不同，如第4章中瓶裝水的情況。即使產品在實體上完全相同，我們也看見在價值和訊息傳遞上會有所差異化。

航空公司和頭等艙

舉一個日常生活的例子，想想航空業的乘客。在噴射機以前的年代，空中旅行非常昂貴，僅限於少數負擔得起極高價的人。服務水準非常高，如同可以負擔尊榮級價位的顧客所預期。燃氣渦輪問世後，顛覆噴射機年代，首度大幅降低旅行費用，使得費用變低，但航空業者注意到還是有些人願意支付高價，因此發展出頭等艙及商務艙的替代選項。現代空中旅行的主要好處是，和其他交通方式相比，大幅縮短時間。然而從理性的觀點來看，飛機上所有乘客都會同時抵達目的地，就算為這趟旅程多付十倍機票錢也一樣。

為不同層級的客戶安排不同價位

先前曾在第9章提過，有些公司的產品或服務會用於不同產業。在某一產業中，對解決方案的市場行情（價格）可能會與另一個產業有極大的差異。公司發現，依照特定產業裡的訂價常規來區隔客戶，能夠針對不同情況訂定不同價位。這麼做的高成長企業，不僅能夠增加價值主張獲得好評的機率，也能在預期高價的產業中獲得更高的利潤率。

運用訂價跑道

先前曾提及，不曉得潛在顧客能夠、願意或想要支付多

少金額的問題。某些公司會用以解決辦法是訂價跑道法，這是另一種用來確認顧客的可用預算，並衡量競爭對手報價進行調整的方法。這個技巧用於顧客關係，一旦顧客關係建立，就可能繼續，而不用再經過正式競價這類較正式審查流程來續約，通常是在購買交易規模不大，或對顧客影響並不重大時會用到。

公司使用這個技巧時，以相對低價來建立新顧客關係，再隨著時間增加收費，好比飛機在跑道上起飛——先從地面開始，然後加速升空。舉例來說，許多訂閱制的B2B服務就是採取這個方法。起初價格容易讓人買單，然後隨著時間提高收費。在某些情況下，是對所有顧客都一樣提高價格，但在有些較複雜的情況裡，每位顧客在訂價跑道上處於不同階段，或是根本就在不同的跑道上，因此不同顧客對同樣服務支付的費用會有高有低。

採取專業會員制的產業中，有的訂價跑道例子是轉換到新供應商的成本或耗費工夫較大，也有些有線和衛星電視產業的情況，是不願意支付增加費用的顧客會商議出個別費率，因此有很多消費者會視個人對價格的接受度，為同一套服務支付不同費用。

公司常在客戶「高黏著度」時採用這個策略。高「黏著度」是指，一旦成為客戶後，在沒有強烈外部刺激時，不太會重新考量購買決策。因此，採用訂價跑道的公司會詢問自

己：客戶的黏著度有多高？「黏著度」（stickiness）可能是高轉換成本（switching cost，換新品牌需要多花費工夫或金錢）所致，抑或是該產品的優先順序低（芝麻綠豆大的小事；或是價值低，就像背景「噪音」一樣被忽略）。

英國經典的黏著度例子是銀行活期帳戶，統計數字長期顯示，英國人離婚的機率還比更換銀行的機率來得高[5]。

公司發現，如果策略能成功要歸功於黏著度／留存率，並且在交易規模不大時，可以將多次交易帳戶的費用微幅但確實調漲，也就是讓顧客進入訂價跑道。

以 .99 元結尾訂價

有一個眾所皆知的現象是，顧客會認為以「.99元」結尾的價格較低，尤其是會讓開頭數字減1的情況。例如：

4.99 美元感覺比 5 美元低許多

9.99 美元感覺比 10 美元低許多

49.99 美元感覺比 50 美元低許多

然而如果開頭數字不變，效果就會差很多：

48.9 美元感覺沒有比 49 美元低多少

174.99美元感覺沒有比175美元低多少

這個現象主要是因為前面章節提到的促發偏誤，要多注意這類訂價在遇到未來會調漲（如通貨膨脹）的情況就會出問題，因此會跨越這些價格的界線。一旦開頭數字增加，就讓人覺得價格上漲很多。

管理超額需求

如果產品數量有限，超額需求，公司就會注意到有機會選擇最好的顧客。以訂價而言，最好的顧客通常是願意支付更高價格的尊榮顧客。

航空公司的做法是在某個航班機位快要賣完時漲價，越晚訂位要支付的費用越高。如果航空公司遵循「成本加成」訂價法，邏輯就會相反，因為較早賣出的機位可以用來償付航班成本，而在幾乎客滿的班機上，每位增加乘客的邊際成本幾近為零，所以機位反而會賣得更便宜。如同先前看到的，「成本加成」往往會發生問題。顯然航空公司已經意識到，在這種情況下，供給的稀少性更勝於這種有瑕疵的邏輯。

我在2000年曾協助一家剛起步的網際網路公司成長，當時我和團隊到波士頓跟知名的網站架設專家見面，他是該領域中的佼佼者。我們想要架設一個網站，外加開發一些功

能，像是利用網路攝影機讓販售產品旁邊能顯示網路用戶的臉。我們收到開發商的報價是網站費用19萬美元，外加網路攝影機費用23萬美元[6]，這些數字比我們預想的高出十倍。我們知道供應商非常忙，因為當時全世界都在架設或購買網站。開發商顯然決定在超額需求的情況下，盡可能最大限度地發揮剩餘產能的價值，只有在願意支付高額尊榮級價格的前提下，才願意把我們安插到工作排程裡。我們當時拒絕了，但是我肯定開發商能找到其他人遞補，至少直到隔年「網路公司爆炸」（dot bomb）市場崩盤前，情況都是如此。

這個網站的例子或許有些極端，但是公司往往會隨著產能限縮時，讓價格節節攀升，一方面是為了管理過度需求；另一方面則是為了獲取熱賣效益。這樣就能盡可能擴大邊際銷售的獲利能力，一旦產能歸零，就無法增加銷售，即使以任何價格販賣都還有需求存在。

讓尊榮顧客自動現身

史蒂芬・杜伯納（Stephen J. Dubner）和史蒂文・李維特（Steven Levitt）在著作《蘋果橘子經濟學》（Freakonomics）中，特別提到寄給數百萬人的電子郵件詐騙事例，而且這類郵件通常會宣稱從奈及利亞寄出[7]。這種詐騙以文句不通又可疑的電子郵件，請求收件者幫忙為奈及利亞的一大筆資金「解

套」，因此在某一刻需要提供自己的銀行資訊給詐騙集團。

　　杜伯納和李維特詢問一個中肯的問題：為什麼這種電子郵件文句不通，而且一看就像是詐騙？為什麼詐騙集團不多花一點工夫來隱藏意圖？他們認為，因為拙劣字句是刻意為之，讓回信的人幾乎可以肯定是容易上當的人，因此更有可能繼續配合。實際上，電子郵件寫得亂七八糟就是為了用來找出好下手的對象。

　　雖然詐騙郵件和詐騙集團很可惡，不過這種設法讓顧客自己上門顯露身分的構想卻十分有效。

　　這個構想有許多應用範例，高級珠寶商的門面讓人望而卻步，而且通常沒有標示價格，很可能是用來讓不闊綽的人不敢走入店面，或按服務鈴請人開門，減少浪費時間在他們身上。實際上門的顧客顯示自己屬於「市場中的目標客群」，也就是負擔得起尊榮級商品，這一方面也讓踏入店家的人會為了面子而想購買。

　　同樣地，有些藝廊和零售店會要求顧客先預約，也擺明要顧客表明自己是尊榮級目標客群。我在第10章提到概念類似的商場效應，在進入店內之際便等於表明自己的身分。

　　在開放銀行（Open Banking）中，消費者允許公司觀看其財務狀況，以提供服務。在這種許可式行銷（Permission Marketing）中，消費者會讓公司讀取檔案，以獲得自己可能感興趣的產品服務資訊，特別是線上廣告宣傳的做法。

記住盡可能經常重新審視價格

在先前的章節中，我們看到價格的大型「槓桿」，只要變動1%，就能讓營業利益增加超過11%，而這些增加的利潤可用來再投資於改善產品和服務。

然而，一旦訂出價格後，多數公司就不會經常重新審視，有時候是長期忽略不顧，抑或只在決定是否投入新業務而感到壓力時才會考慮。

看來在這些情況中，一旦訂好價格，關注焦點就會轉移到營運方面、每日銷售開發的管理，還有促銷活動。這樣做的一個問題在於，通常不會有時間或意願去蒐集恰當資訊來做出適宜的決策，包含了解競爭對手、顧客決策情境，或是注意框架效應、促發等偏誤對決策造成的負面影響。

相較之下，主動管理價格、主動設法用動態而規律的方式重新審視訂價決策的組織，得到的成果更好，有更充分的準備，並培訓自己用生意頭腦來思考價格，也能安排漸進式計畫來獲取較高的交易價值。

所以，為了聰明訂價，詢問這些實用的問題：要如何對價格擬訂主動的計畫？多常評估價位？用何種方法達成？參照點為何？對「公開討論」的內容了解有多深？要如何推動情勢來增加交易價值？

練習題

你如何使用這些漲價策略？

　　想想在你的公司要如何（或應該如何）應用本章介紹的策略，為了界定出每個機會，你可以列出助力（支持策略）與阻力（阻礙策略），以判斷每個策略是否合適和有多少潛能。

1. 進行兩個翻倍練習 助力： 阻力：
2. 增強差異化和品牌角色 助力： 阻力：
3. 實質價格可能有別於標示價格 助力： 阻力：
4. 提供選項：運用價目表 助力： 阻力：
5. 向顧客推銷增售和升級方案 助力： 阻力：
6. 修改每日工資或總天數 助力： 阻力：

7. 運用搭售組合 助力： 阻力：
8. 設定多個價位 助力： 阻力：
9. 運用訂價跑道 助力： 阻力：
10. 以 .99 元結尾訂價 助力： 阻力：
11. 管理過度需求 助力： 阻力：
12. 讓尊榮顧客自動現身 助力： 阻力：
13. 記住盡可能經常重新審視價格 助力： 阻力：

審視每個策略應該如何用在自己所屬的組織，運用助力和阻力來列出每一項的「利」與「弊」。你可以詢問自己：什麼是增加顧客價值的潛力？哪些情勢在發揮作用？可以進行什麼測試或實驗，來填補資訊落差？也可以考量不同時間軸，今天不可能做到的，有可能明日就勢在必行。

本章摘要

- 多數公司不夠經常重新檢視訂價決策，並且可能長時間如此而造成危害。

- 這樣很不合理，因為只要將價格提高1%，效果是提高銷售額1%獲得「報酬」的4倍。

- 公司時常用顯性和隱性的手段來設定並提高價格。隱性手段包含保持標價不變，但是利用其他項目增加整體交易規模。

- 公司用來提高價格並已經實證的方法包括：
  → 設定多個價位
  → 增強差異化
  → 增售／升級方案
  → 避開訂價敏感點
  → 運用搭售組合
  → 訂價跑道
  → 運用超額需求
  → 帶來情感價值（強化品牌行銷）
  → 針對不同顧客層級採用不同訂價方式
  → 運用訂價跑道管理持續漲價
  → 讓尊榮顧客自動現身

考量要點

顯性或隱性	使用的技巧
在你的產業裡，公司會使用顯性或隱性的方式來提高價格？	在你的產業裡，公司會運用哪些技巧來提高價格？ 例如：差異化、情感價值、價目表、增售、升級方案、總天數、搭售組合、多個價位、訂價跑道、超額需求
品牌	
在你的產業裡，品牌對於增加價值扮演什麼角色？	

本章練習

你如何使用這些漲價策略？

12

找出讓你賣翻天的成功公式

　　近年來，「終生職業」的熱門度和可行性大幅下滑，大家對創業的興趣顯著提升。各大院校和商學院都開設相應的學程，Kickstarter、IndieGoGo、Seedrs及CrowdCube等用於創辦和資助公司的各式平台也相繼推出，多個政府補助與稅收優待計畫也鼓勵人們創業。整體而言，成立公司的簡易程度（還有吸引力）都更勝以往。

　　出於眾多原因，無論是身為創新者或員工，這些高成長企業都應該受到支持，需要來自政府、放款人、創投資本家等資金來源的財務援助，也需要有實績的創業家、企業顧問、商學院或其他技能知識來源，給予非財務援助（特別是在管理層面）。

　　對大型和創辦已久的企業而言，創業思維的需求也很高。大企業是任何國家生態系統裡的重要一環，其規模能帶來小公司難以達成的規模經濟效益，穩定度提供就業機會，並給予包括投資人在內的眾多利害關係人長期投資規劃方案。大企業也常常走向併購一途，整合高成長新創公司（通常是新成立的創新科技公司）後，並從研究到立足世界的技術轉移過程中，提供最後且重要的環節。舉例來說，知名的科技創新公司蘋果，已經併購100多家創業早期階段的公司，這些併購對象通常都是開發出特別科技，或在發展尊榮顧客市場上取得創新市場定位[1]的公司。

　　然而，大公司也會遭遇挑戰，它們就像超級貨輪：複

雜、緩慢又難以行駛，其複雜度讓風險管理和創業思維所看重的任務難以管理。之所以會有英國企業治理守則（UK Corporate Governance Code）這類倡議計畫來加強董事會決策，就突顯出創業觀點的重要性。

當然，這些全部需要具備正面的顧客價值主張，且理想上要獨特，而與競爭者有良好的差異。雖然本書徹頭徹尾都探討這些主題，但還是值得再次提出，想要確保公司有長期競爭力，就要有持續性競爭優勢和完善的策略，而這些通常來自內部開發的產品或服務創意，或是在組織中有快速「感知」機制，能夠迅速找出市場機會，並加以實現。

交代完這些後，我們要來回顧整段歷程，然後再拋出一些新主題，協助多加考量，以達成整體目標。

如果在本書中，我幫助你將公司的價格提高1％，而你可以將增加的11％利潤用於再投資，我就功德圓滿了。

回顧訂價科學的重點

注意：參見書末的「聰明訂價精華摘要」，並向自己提問。

我在一開頭說明撰寫本書的主要用意之一是，促使公司更善於運用訂價，以求生存和興隆。其中包含時常在經濟裡擔任創新者的中小企業，還有大企業，兩者都是社會和經濟

的重大價值來源，特別是在負擔稅賦與提供就業機會方面，因此這些公司應該獲得良好的商業管理技能知識輔助。

這些組織經常不夠了解訂價的重要性和影響力，也不夠清楚讓組織聰明訂價的流程與方法。

本書花費不少篇幅談論辨識和理解顧客價值，不要用過時又限縮的成本加成法來訂價，希望你現在更了解這麼做的原因、適合時機，還有考量做法。我們也集中討論市場測試和使用顧客實驗來克服複雜性，並了解顧客對價值的認知，還有這對訂價決策的啟示。

本書有很多地方談論重灌商業腦，並改變對訂價相關優先順序的認知與實行方法。有一部分是為了擺脫認知偏誤的負擔，以及公司對訂價的罪惡感；另一部分則是為了解釋主動管理價格的重要性，並指出各公司使用哪些方法來加強此舉。

為對的機會和對的市場找出對的方法

因此我希望你找到一些精華內容，重新建立對價格的看法。如同前述所言，本書提出的建議和方法不可能100%完善或萬能，因為各行各業的結構差異大，而且用來提高銷售的方法也不一樣，有著各式各樣的情勢、規範、常規及相關的成功因素。儘管如此，我希望你讀到的廣泛方法和觀點，能提供一些啟發與思考方向。

在本書中，我們了解訂價過低是創新企業最大敗筆的原

因。創新因為沒有楷模或既有常規，所以會遭遇特殊的挑戰，不僅是小企業或新成立的企業，大企業也會對訂價的重要性犯下大錯。實際上，創業者或經理人往往容易把目光集中在營收成長，卻未能充分考量長久營運，還有能增加再投資現金的極重要推動力。

在第2章，我們聽了各家公司對自身無法提高價格的論辯之詞、它們的管理思維受到什麼認知偏誤的影響，以及多數成功的成長企業其實會為產品收取偏向尊榮級的價格。不收取高價最顯而易見的後果，就是沒有錢好好支付員工薪資，不僅如此，更嚴重的情況是一直欠缺資金，而無法再投資於產品開發，並達成增加現金流的需求。

在第3章，我們回顧價格和價值之間的關聯，看到不僅是創業早期階段企業沒有花費足夠時間好好訂價，就連大企業也犯下相同錯誤。幾個例子突顯出即使價格（平均交易價值）只增加一點，就能保住好幾家知名公司，讓它們損益平衡而不致於在近期倒閉。

接著，我們回顧傳統訂價理論，以及身為消費者的我們自然而然會接受某些規則和概念，而且通常沒有探討背後的邏輯。我們看到很多在功能方面完全相同的產品，有著多種販售價位，實際上某些產品價位是同業的三倍到十倍，卻仍能銷售長紅，即使產品本身沒有什麼兩樣。光是這個結果就能觸動有創業精神的人，打開特殊新機會的「大門」，好好

把握即可創造差異化和成果。我們也注意到公司（通常）要便宜或優質只能二選一，不能在兼得的情況下賺錢。

在第5章，我們定義出高成長企業的成長意涵，並且思考關於價格對利潤帶來巨大影響力的《哈佛商業評論》研究。研究中強調，價格改變對利潤的效用幾乎是銷售額改變的四倍。麥肯錫的研究也指出，主動訂價帶給公司有利的非線性關係──顧客在不同產品類別裡，對價格的注重程度大為不同。

我們看到一般A公司和B公司的例子，絕對可能在販售高價且喪失某些潛在顧客（轉換率低於低價販售的情況）時，仍然可以讓企業獲利更多。這樣的企業更能再投資於重要的策略項目，因此獲得良好成長。我們也談論營運資金，解釋有些企業快速增加銷售會「走向末路」的原因，還有如何藉由訂價來避免這個命運。

然後，我們挑戰高成長企業的「成本加成」訂價策略的效度。儘管廣為使用，但是「成本加成」無法滿足現代經濟裡高差異化產品的需求，也會導致公司在提供商品時，將關注焦點從顧客觀點（效果好）轉移，而換成審視內部營運（效果差很多）。

我們探討效果明顯更好的價值基礎訂價法，以了解價值對顧客的真正意涵，還有如何利用該資訊來訂價。在理解價值的過程中，我們看了顧客參照點、搭售組合，以及增加情

感價值的重要性；也看見某些產業要如何避開有害的價格競爭問題，同時施展招式來提升顧客知覺價值。

第7章是重要的一章，提出腦部掃描的研究，證明在其他條件不變的情況下，很多人在支付更高金額時，獲得更多的生理酬賞。在先前研究裡，高價差的類似產品顯示價格強烈影響顧客對品質的認定及對產品價值的判斷。但是，這次以腦部掃描實際透過腦部生理表現顯示這個一反常識的現象，受測者大腦中的獎賞中心會因高價位而活化，無論產品是否有所差別。這個重要結果也讓我們重新調整原先對於自己與顧客理性的假設，還有訂價的方法。

第8章說明將利潤再投資於高成長企業，能帶來大量財務報酬的機制。通常，高成長企業或創新專案的內部報酬率是25%到50%，能用於再投資的每塊錢能在接下來每年中以這個複利成長。相較於這種再投資的推動效用，低價販售產品和把利潤當成獎金發出的公司，在短短幾年間，結果便會非常不同。

在第9章，我們提出一個挑戰：你能把價格翻倍嗎？或是精準一點來說，你能不能在市場中實行安全測試，看看把價格翻倍會怎樣？另外，也詢問：「要怎麼做讓翻倍價格合理化？」很多公司做了這個測試後覺得獲益良多，並且對顧客價值和顧客決策有了新的認識，有時候它們會對自己長期以來訂價過低十分訝異，如果採取更漸進的訂價法就能爭取

到尊榮顧客，並開始迅速而持續地成長。

　　即使沒有在市場中實行翻倍價格實驗，只要思考怎麼做來支持該價位，就能好好轉換成顧客中心思考模式，並且對於如何將公司的價值重新定位產生突破。

　　進行上述兩個練習的公司，有的公司將價格提高100％，甚至是300％；也有公司認為增加5％、25％或50％更適合自身情況，無論如何，從中獲得的資訊讓它們提升財務表現和再投資的能力。

　　本書接下來的部分，開始探索各公司還運用哪些技巧和手段，達成更令人滿意的業務成果，尤其包括製造消費品在內的多家公司，利用框架效應和促發的認知偏誤來達成某些市場成效。一旦採用正確觀點，便能輕易辨識出顧客（尤其是消費者）通常不怎麼理性。

　　了解另外一些特殊的認知偏誤，能幫助高成長企業改善顧客體驗，或是促使顧客做出對其有利的行為。運用多價位選項這類技巧來引導顧客決策的普遍程度令人吃驚，使用框架效應和促發能確實在市場中提升競爭力，也能實現更高的顧客價值。

　　到了目前這個階段，本書內容已經幫助很多人重新審視自己的訂價決策，並判定要做出哪些必要改變，或是需要在市場中實行哪些實驗來做出合理調整。第10章順勢將內容進一步延伸，提出更多公司用來有效提高價格的策略。

　　品牌對很多產品的認知和價值傳遞相當重要，而品牌外加包裝是上千種產品類別的差異化因子。有時候公司會用隱性手段來掩飾實質價格，而起初的價格和顧客最終支付的價格天差地遠。顧客不是沒有注意到，就是發現時已經太晚，難以改變行動。此外，還要避開某些顧客的敏感點。許多顧問和服務公司會收取每日工資費用，有時候公司發現降低每日工資會讓顧客認為很優待，就算服務的平均天數增加，因此總銷售價值不變。

　　很多顧客喜歡自己決定要付多少錢，提供價目表給這些顧客，能讓他們有所選擇。產品的差異程度有多大，或是其實大同小異，涵蓋於該產品系列的設計中，似乎不同公司採用的手法相當不一。有些產業會對極為相似產品設定多個價位，制定購買決策。還有一旦顧客到手，提供升級方案或增售能為雙方帶來互惠互利的價值來源。

　　不同層級的客戶需求不同，雖然在價格上一視同仁或許很方便，卻不見得理性。因此，各公司會用訂價來反映出多樣化，就像傳統市場區隔一樣，有些顧客願意、能夠且準備好多付一些，有些則會少付一些。無須多說，在其他條件不變的情況下，願意多付錢的顧客通常是商業往來中更具吸引力的合作對象，能帶來更多的經濟剩餘，可用於再投資，並迎接後續的一切好處。

　　除了不同行為分層級外，顧客行為也會隨著時間變化。

根據特定關係的「黏著度」，很多供應商會對個別顧客逐漸提高價格。這些訂價跑道提高價格的速度，不太會讓持續往來的高黏著度顧客有負面反應。當然，這些訂價跑道的起點也會視不同顧客而定。

持續價值管理

從根本而言，如果聰明訂價有一個中心思想，就是要經常重新審視價格。研究公司如何設定價格得到的一大要點，在於明白訂價很重要，可是重新審視訂價的頻率很低。分量如此之重，表示企業應該將其列為「核心優先要務」。

對大企業來說，如同在第 1 章的例子所見，只要平均交易價值升高一點點（僅僅幾個百分點），就能避免虧損。我們詢問董事會和高階經理人未能設法提高價格的理由是什麼？可能是很多大企業及其董事會不夠經常重新審視訂價的作用，將其視為定期分派的任務。會這樣的原因可能是不把價格視為要漸進式推動、主動管理、重新審視和控制的事物，或是認為價格太複雜，要處理的產品又多。董事可能會把這些責任分派給中階管理者，就算價格以影響力和潛力而言，應該視為最高層級的要務。

每次董事會議可以安排的一個頭號提問如下：

1. 公司的每項產品最後一次改變訂價是在什麼時候？

通常訂價重新審視次數不夠頻繁，或只有一次而已。訂價會給人情感上的負擔，這也或多或少解釋進行這件事會讓人覺得不自在和畏懼的原因。此外，光是大型組織中的價位數量，就可能造成回答特定問題過於耗時，而難容於董事會議中。然而，這個簡單提問就能避免價格發展停滯不前，以及其他遇到的問題，還能利用訂價達成有利的商業成果，效用極大。

更進一步給董事會的「實務建議」，可以思索下述兩個問題：

2. 比起市場上的出價，公司的價格如何？

誰占據哪個價位？這些價位是較低、相同，還是更高？如此定價會傳遞什麼訊號給市場？以上都是要常常多加審視的問題。在某些市場裡，價格會不停大幅調整，所以變化速度相當快。這一題加上前一題能促使董事和經理人，解釋、討論及檢討相對的訂價策略。

3. 我們的顧客會以哪些參照點來判斷訂價的價值？

如同所見，顧客通常無法獨立衡量某樣物品應該賣多少錢，他們會以方便的參照點來判定怎樣算值得、怎樣不值得，包含競爭對手的訂價，還有特定供應商的「價目表」、

決定價格的「歷程」、價格環境，以及其他外部參照點。

上述三個簡單的問題讓訂價獲得應有的地位，而且我主張訂價應該列入企業董事會裡的常駐議程。

以毛利率為標竿

要分析你是否善用訂價機會的方法，是主動觀察社群指標，像是分析並比較自己和其他市場競爭者的毛利率。

毛利率是從產品售價扣除銷貨成本[2]而來，在會計用語中是指較直接而變動多的支出類別。要了解其意涵，試想一家公司有兩個廠址，包含總部和工廠。總部販售的產品，經由工廠製造後運送給顧客。在工廠中，一切用來準備好讓產品出貨所花費的成本，就是銷貨成本，包含製造產品的原料、製造過程中使用的工廠人力，外加機械成本、建築成本、水電成本等其他工廠支出。相較之下，總部的支出沒有包含在銷貨成本之中（會更進一步列入損益表）。

售價扣除銷貨成本等於毛利，如果以在售價中占有的比例來表示，就是毛利率。如果你用100英鎊販售某產品，而銷貨成本為30英鎊（工廠用來準備好將產品出貨所花費的成本），就會得到70英鎊的毛利，還有70%的毛利率。這個利潤率能拿來和其他公司、產業平均值做比較，以獲知重要訊息。

售價	100英鎊
－銷貨成本	30英鎊
＝毛利	70英鎊
毛利率	*70%*

　　常見的毛利率也會因不同產業而有所差異，因此你可以把自己的利潤率當作衡量指標，和其他同業公司相比，看看自己分布在較高還是較低的那一端。很多線上資料庫會列出特定公司或產業的毛利率，而英國公司註冊處（Companies House）就提供任何英國公司登記財務帳目的免費檢索服務。

　　有些產業的毛利率是70％、有些是90％，也有的是40％，差別主要是視該產業的結構特徵而定（單位銷售和變動成本之間的關聯），在該產業會相當一致。因此，務必搞清楚你所處產業的平均值，可以藉此當作指標，判別你在業界的價格高低。

　　以下提供幾個例子：

	工程業	**軟體業**	**家具製造業**
銷售額	100	100	100
銷貨成本	65	1	61
毛利率	*35%*	*99%*	*39%*

2007年到2018年間，據稱iPhone的毛利率為60％至74％之間[3]；換句話說，在這段期間，該裝置的製造成本為售價的26％到40％。咖啡是毛利率高得誇張的實體產品，通常有80％，在服務業中也算高，這也是咖啡館能鴻圖大展的原因[4]。要衡量自己的企業時，網路上有很多輔助資源[5]。

顧客眼裡出西施

切記，面對顧客時要虛心以對。分析很有力量，但是我們也必須接受分析可能出錯的事實，這可能是因為分析有瑕疵（回想市場調查測試的新可樂例子），或是因為市場瞬息萬變而難以掌握，又或者顧客就愛不理性——只要接受這個可能性，就沒有什麼不對。

大家琅琅上口的口號「顧客永遠是對的」很有意思，這句話有時候正確，有時候錯誤，因此要在引導顧客做決策和積極傾聽顧客之間拿捏好平衡。所以，嘗試新事物及運用市場實驗與評估，來克服顧客決策的複雜性很重要。

運用市場實驗

企業要成長並非易事，管理企業有時候讓人感覺未知和變數多過於已知事物。有很多商業理論與分析工具能處理大

量資料和複雜性，因應充滿變數的問題，然而我們總有一天會無法仰賴參照點來做出明智決策。

世界各地的商學院共有數千家圖書館，談論商業「經營」知識的館藏汗牛充棟，但還是會有許多讓人意外的情況：每年很多企業無預警歇業，有時候還會讓數千名員工陷入困境。每幾年就會有新類別的市場誕生，既帶來革新，又會取得驚人成長，無論是好是壞，改變了現代世界的本質。

儘管我們對自己所知的內容有信心，但是還有更多事情卻不得而知，因此我們的理性有所侷限，這種理性限縮在我們所知，並且能有效蒐集和分析的事。

有一個流傳的故事是這樣的，一群探險家因為暴風雪在阿爾卑斯山迷路，恐怕會罹難。然後有人在口袋裡找到地圖，於是他們順著地圖找到安全的路，終於讓大家鬆了一口氣。結果，隔天他們再看一次地圖，結果發現上面的路其實是在阿爾卑斯山的另一側，根本不是困住他們的那座山谷。這個故事給予一個啟示，任何策略或資訊好過於無所遵循，尤其是能在混亂中建立架構。同理，商人有時候會盡可能用手邊能取得的資訊做決策，因此在服務顧客時，除了應該虛心以對外，也要知道審視內部決策的價值有限。

是否有更好的方法？我認為大家沒有充分運用進行市場實驗的相關方法，一個建議的實行方法是第7章的練習題。如果不知道某個問題的答案，何不利用市場找出解答？不知

道應該推出什麼新產品，何不做實驗來找答案？

與其推出單一版本的產品，何不推出多版本來衡量比較結果，看看市場的喜好？與其採用單一價位，何不同時在不同區域採用不同價位，看看哪一個會脫穎而出？嘗試新事物、設定新價位、以不同參照點找出不同方式形塑價值，都是進行市場實驗的例子，可以評估其結果，對顧客決策產生實用見解。以真實顧客購買決策來觀看市場機制，這種實驗方法可以克服很多傳統調查會遇到的問題。

通往成功之路

雖然這和聰明訂價沒有直接關聯，但是我列出一些對高成長創業早期階段企業良好作為的觀察，也適用於大公司推出創新產品的情況：創新公司和創業早期階段企業有一些特定條件要達成，不過這些原則也有很多符合大型組織，因此能作為任何有志成長組織的大方向建議和祕訣。

成立新企業初期遇到的關卡清清楚楚：選擇名稱、設立法人、籌募資金、開發要販售的產品或服務、洽談關鍵合作夥伴等等。對推出新產品的大企業而言，市場調查結束，通常就會開發產品，然後在獲得核可後，製造產品，並且送到各個通路。在以上的情況裡，既然都走到這一步，如果失敗率過高就太可惜了。據聞有90%的科技公司或新產品推出活

動會失敗，不是一敗塗地，就是未能達成預期結果。縱使其中一些失敗是難以避免的，但也有很多是因為常見錯誤導致公司無法生存、成長及擴大規模6。我在輔導並支援創業早期階段公司時，會提出下述的「前五大」成功祕訣，敬請參考。

1. 隨時向聰明訂價看齊

　　對已經活躍在市場上並獲利的創業早期階段公司而言，難以為繼的低價是限制成長的最常見錯誤。這個錯誤會造成不當影響，讓企業無法獲取需要（且應得的）現金利潤率來進行再投資，不是成長停滯不前，就是遭遇存亡危機。你現在已經知道，小小價格差別就會對企業造成巨大的影響。本書談論訂價過低的常見理由，以及對治的方法。

2. 投顧客所好就會更好賣

　　好賣的產品是那些顧客一看就懂又想要的產品；相較之下，偏偏有很多產品的屬性卻相反：很難讓顧客好好觀看，公司要耗費脣舌解釋用處，顧客才可能會考慮想不想要，還對其價值主張意興闌珊。

　　對大大小小的高成長企業來說，上述種種問題會在開發和推出創新產品時造成最大的問題，特別是科技公司，因為它們創新性高的產品常常屬於全新類別，有可能以前從未存在，因此沒有既定的購買行為可以參考。在這種情況下，創

301

新公司並不知道自己不懂得什麼。

公司不會接受這個難題，往往會假設新產品或服務會存在現有市場，並假設自己知道要如何開發和推行。一旦這些假設形成後就會很難改變，這個過度自信的問題常常導致產品或服務難以銷售。

我喜歡稱為高負擔銷售（high-burden sale），其特色包含以下其中一種：

(1) 亟需顧客教育，或是
(2) 只解決造成低「痛點」的問題[7]

亟需教育是指賣方要投注很多時間或金錢，向顧客解釋其價值主張。如果最終轉換率和毛利率不夠高，賣方就會關門大吉。解決低痛點產品是那種「有也不錯」，但在現代繁忙世界中，根本沒有人真的在意到會購買的東西。所謂產品墓地（product graveyard）裡充斥著各種沒人要的「特效捕鼠器」。請回顧第8章，以了解顧客決策相關資訊。

精實新創（Lean Star-up）這類技巧有助於減緩這些風險，基本上，它們體認到系統中缺乏確定性，於是採用循序漸進的方法，進行策略性銷售互動，討論出顧客真正在乎和會購買的產品。這個方法的基礎是市場實驗與模擬，盡可能貼近真實的購買行為，可靠程度遠高於傳統市場調查。

3. 盡早聘請能幹副手

　　創新企業成立之際，通常都是由一人一手創辦，身為第一位成員，他必須張羅企業大小事，因為沒有其他人手。隨著企業成長，也招募到更多的員工，但有時候創辦人仍是決策中心，像是一個向外輻射的「軸心」。以組織理論來說，這家公司的文化又稱為俱樂部模式（club model），決策集中在一個人身上。

　　這個模式的問題在於不太容易擴大規模，隨著企業成長，必須有人總攬大局、運籌帷幄，如果總是在處理枝微末節的事，還有每次在哪裡遇到問題就去那邊「救火」，就會難以運作。相較之下，能夠擴大規模的企業會招募值得信賴的「副手」──頭腦媲美創辦人，又能幫助創辦人分擔「每日雜務」，讓他可以後退一步來觀看大局。這有時也叫做「專注於你的事業，而不是沉迷於事務」（Spend time on your business, not in your business），就能讓企業善用策略來擴大規模和成長。

4. 實際擴大規模前，先驗證商業模式

　　不這麼做的話，往往會讓企業現金周轉不靈。很多創業早期階段企業會不斷燒錢，在公司虧損之際，每個月都花費現金存量。只要規劃好就沒關係，而且關鍵成長目標也是靠著公司燒錢才能達成。然而，癥結在於這些成果能否讓公司

如同規劃般損益平衡，或是會造成虧損。

在有些情況下，公司在獲得和利用新生意或燒錢達成關鍵目標時，無法解決重要挑戰，這不見得是在銷售方面，對科技新創公司來說，可能是研發方面的成果，而能推動企業本身的銷售。

例如，新公司創業早期達成部分銷售後，太過得意而開始大舉招兵買馬、設立辦事處、擴大開銷，並增加每個月的燒錢率（burn rate），會這麼做往往是期望銷售表現跟進。然而，如果沒有探查好「未知數」，萬一商業模式沒有掌握透徹，企業就會陷入停滯，未能創造後續銷售成績，並因為燒錢率過高，造成公司倒閉。

所以，在開始增加經常性費用支出前，公司應該先確保掌握好商業模式，也有把握銷售業績（或其他任何目標）能跟上。我有時候會用手搖音樂盒做比喻，用所有的零件組裝好音樂盒，並確保能播放正確旋律，是新創探索的初期階段，也是找出可持續商業模式的摸索期。音樂盒能正常運作後，下一個階段就是快速轉動把手，讓音樂響起的速度更快、更大聲──等於成功擴展規模，能夠有把握地花錢。

營運資金也會遇到另一個特定的現金管理問題，如同在第5章所見。即使獲利程度高，但如果公司的營運資金模式為嚴重負值，成長勢必會讓現金吃緊，而必須達成高現金需求才能避免破產。

5. 面對變數時要循序漸進

我提過使用市場實驗來導引決策的強力作用。市場分析和商業理論很有用，不過顧客決策相當複雜，甚至對外部觀察者而言並不理性。

取代傳統市場調查來了解世界的方法，是讓市場機制提供洞見——設定市場實驗，並對企業決策做出循序漸進的調整。這是工程科學的主要原則：做出改變後，測量改變帶來的效果。如果是邁向正面的一步，就採取這個改變，並繼續進一步漸進改變；如果結果是負面的，就恢復到原先狀態，嘗試其他的方向。

這個方法的重要原則在於衡量造成的改變，能夠依照顧客行為的實際轉變，產生回饋循環來輔助決策。這些市場測試有時候又稱為摸索週期（touch and learn cycle）。

產生回饋循環並加以運用，對果斷決策的效果很強大，有時候在競爭環境裡對成長企業而言不可或缺。

結語

謝謝你花時間閱讀本書，我很享受寫作過程，希望你閱讀時也能獲得我提筆寫書時感受的樂趣。

如果想了解更多資訊，請參見書末「延伸閱讀」所列作者的精彩著作。

希望你喜歡這一趟旅程，並有所斬獲。歡迎聯繫我，並造訪 www.DoubleYourPrice.com，分享你的企業成果。

附錄一 A公司及B公司的損益

A公司及B公司的損益表

公司		A	B	附注
i.	銷售百分比	60	40	銷售轉換率
ii.	價格	100	130	
iii.	銷售額	6,000	5,200	i.×ii.
iv.	變動成本（每個60）	3,600	2,400	60×i.（毛利率分別為40%與53%）
v.	毛利	2,400	2,800	iii. － iv.
vi.	固定成本	2,000	2,000	（分別占銷售額的33%與38%）
vii.	營業利益	400	800	v. － vi.（分別為6%與15%）

附錄二 價格計入折扣的平均損益

以下每項因素提升1%，能為營業利益增加……

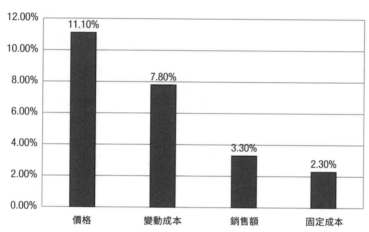

我們可以從《哈佛商業評論》的〈管理價格，獲取利潤〉（Managing Price, Gaining Profit）一文中，將2,400家公司取得的各項平均值編製成損益表，該報表表示價格、變動成本、銷售量和固定成本變動1%時，反映在研究結果之中的營業利益變化。

	基本情況	變動1%			
		提高價格	減少變動成本	增加銷售量	減少固定成本
銷售額	100	**101**	100	**101**	100
變動成本	**70**	70	**69.3**	**70.7**	70
毛利	30	31	30.7	30.3	30
毛利率	*30%*	*31%*	*31%*	*30%*	*30%*
固定成本	**21**	21	21	21	**20.79**
營業利益	9	10	9.7	9.3	9.21
基本情況的變動比例		*11.1%*	*7.8%*	*3.3%*	*2.3%*

　　用這個平均損益套用打95折與8折，計算出來的毛利和營業利益如下，表中也顯示以新價格獲取同等報酬，需要的銷貨收入增幅。

	基本情況	95折（5%折扣）	補償折扣額增幅		8折（20%折扣）	補償折扣額增幅	
銷售額	100	95	*120%*	114	80	*300%*	240
變動成本	**70**	70	*120%*	84	70	*300%*	240
毛利	30	25		30	10		30
毛利率	*30%*	26%		*26%*	13%		*13%*
固定成本	**21**	21		21	21		21
營業利益	9	4		9	−11		9
基本情況的變動比例		*−55.6%*		*0.0%*	*−222.2%*		*0.0%*

聰明訂價精華摘要

前言

在本書中,我們了解訂價過低是創新企業頭號敗筆的原因。創新因為沒有楷模或是既有常規,所以會遇到特殊挑戰。不只是小企業或新成立的企業,大公司也會在訂價的重要性上犯下大錯。實際上,創業者或管理者往往容易把目光集中在營收成長,卻未能充分考量永續經營,還有能增加再投資現金的最重要推動力。

第2章

在第2章中,我們看見各家公司對自身無法提高價格的論辯之詞、它們的管理思維受到什麼認知偏誤影響,以及多數成功的成長企業其實會為產品收取偏向尊榮級價格。不收取高價最顯而易見的後果,便是沒有錢好好支付員工薪資,不僅如此,更嚴重的情況是會一直欠缺資金,而無法再投資產品開發,以及達成增加現金流的需求。

訂價過低	認知偏誤	利益
如果你懷疑自己訂價過低，覺得自己為什麼會有這種傾向？例如：信心不足、擔憂銷售額不夠、價格無法變動	你遭遇哪些認知偏誤？例如：確認偏誤、定錨效應、可得性偏差	你的買家考量誰的利益？這些利益為何？

本章練習

代表的是誰的利益？

第3章

在第3章中，我們檢視價格和價值之間的關聯，看到不僅是創業早期階段企業沒有花夠多時間好好訂價，大型企業也犯下相同錯誤。幾個例子凸顯即使價格（平均交易價值）只增加一點點，就能保住好幾家知名公司，讓它們損益平衡，不致在近期倒閉。

核心思想
你比較想要擁有哪一家公司？ 1. 銷售額1億英鎊，獲利100萬英鎊的公司，為什麼？ 　或是 2. 銷售額1,000萬英鎊，獲利100萬英鎊的公司，為什麼？
潛力
你認為接觸的公司（或品牌）中，有哪些具備成長潛力？價格在其中帶來何種影響？

第4章

接著，我們回顧傳統訂價理論，以及身為消費者的我們自然而然會接受的某些規則和概念，並且通常沒有探討背後的邏輯。我們看到很多在功能方面完全相同的產品，有著多種販售價位，實際上某些產品價位是同業的三倍到十倍，卻能銷售長紅——即使產品本身沒有什麼兩樣。光是這個結果就能觸動有創業精神的人——打開特殊新機會的「大門」，加以把握就能打造差異化和獲利能力。我們也注意到公司（一般而言）要便宜或優質只能二選一，不能在兼得的情況下賺錢。

產品生命週期	訂價散布圖	成本領導或差異化領導？
你的產品處於哪個產品生命週期階段？而這對價格和競爭壓力會帶來什麼影響？	你的產品在競爭產品的環境中處於哪個位置？你能否看見尚未實現的利基？	你是哪一種？還是你正困在其中（那樣的話，要如何導正？）
		訂價方法
		你使用成本加成、競爭者基礎，或價值基礎訂價法？這是效果最好的方法嗎？為什麼？

本章練習

製作你的訂價散布圖。

第5章

在第5章中，我們定義出高成長企業的成長涵義，並且仔細考慮關於價格對利潤帶來巨大影響力的《哈佛商業評論》研究。研究表示，價格改變對利潤的效果幾乎是銷售額改變的四倍。麥肯錫研究也表示，主動訂價帶給公司有利的非線性關係——顧客在不同產品類別裡，對價格的重視程度大為不同。

我們看到一般A公司和B公司的例子，絕對可能在販售高價又喪失某些潛在顧客（轉換率低於低價販售的情況）時，仍然可讓企業獲利更多。這樣的企業更能再投資於重要的策略領域，因此獲得良好成長。我們也談論營運資金，解釋有些企業快速增加銷售額會「走向末路」的原因，還有如何藉由訂價來避免這個命運。

價格槓桿	營運資金
找出你的價格槓桿效果是多少百分比。 該比率比競爭者高或低？	你的營運資金週期表現是正或負？ 這會對未來成長所需的現金需求有何影響？

本章練習

找出你的價格槓桿。

第6章

接下來,我們挑戰高成長企業的「成本加成」訂價策略效用。儘管廣為使用,但「成本加成」無法滿足現代經濟裡高差異化產品的需求,也會導致公司在提供產品時,將關注焦點從顧客觀點轉移到審視內部營運。

我們檢視效果明顯更好的價值基礎訂價法,以了解價值對於顧客的真正意涵,還有如何利用此資訊來訂價。在理解價值的過程中,我們看了顧客參照點、搭售組合產品,以及增加情感價值的重大影響;也看了某些產業要如何避開有害的價格競爭問題,並同時施展招式來提升顧客知覺價值。

價值「派餅」	價值基礎訂價法
你們的互動屬於整合式或分配式?確切狀況為何? 如果是整合式,要如何增加整個價值派? 如果是分配式,要如何獲得較大一塊?	執行價值基礎訂價法練習。 這與當前訂價決策與策略相比有什麼不同?
	無利可圖的顧客?
	你的哪些顧客無法讓公司獲利?要如何「送走他們」?

本章練習

使用價格基礎訂價法。

第7章

第7章是重要的一章，提出腦部掃描的研究，證明在其他條件不變的情況下，有很多人在支付更高金額時，會獲得更多生理酬賞。在先前研究中，高價差的類似產品顯示，價格強烈影響顧客對品質的認定和對產品價值的判斷。然而，這次是以腦部掃描實際透過腦部生理表現，「顯示」這個一反常識的現象。受測者大腦裡的獎賞中心會因為高價位而活化，無論產品是否有所差別。這個重要結果也讓我們重新調整原先對自己與顧客理性的假設，還有訂價的方法。

挑戰價位	還有哪些事情並不了解？
能用什麼漸進而有用的方式來改變假設，以挑戰價位？ 你對顧客價值認知有什麼發現？ 可以做什麼實驗來進一步探索？	你對企業中的銷售和訂價還有哪些層面不完全明白，但是能在擴大現有流程之前，為你省下時間與金錢？ 要怎麼做實驗來得到答案？

本章練習

設計市場實驗。

第8章

　　第8章說明將利潤再投資於高成長企業，能帶來大量財務報酬的機制。通常，高成長企業或創新專案的內部報酬率為25%到50%。用於再投資的每一塊錢，能在接下來每年中以該複利成長。相較於這種再投資的推動效用，低價販賣產品和把利潤當做獎金發出的公司，在短短幾年間，結果就會非常不同。

市場
你的產品為現有類別，或是創造出新的類別和新的購買行為？ 是用什麼方法？
獨特銷售主張
針對每個你服務的區隔： 1. 你提供什麼價值或好處？ 2. 你憑藉什麼比競爭對手獨特和出色？ 3. 為什麼別人要向你購買？

本章練習

進行獨特銷售主張分析。

第9章

在本章中，我們提出一個挑戰：你能把價格翻倍嗎？或是精準一點地說，你能不能在市場中實行安全測試，看看把價格翻倍會怎樣？另外，也詢問：「要怎麼做讓翻倍價格合理化？」很多公司做了這個測試，覺得獲益良多，並對顧客價值和顧客決策有了新的認識，有時候會十分訝異自己長期以來訂價過低，如果用更漸進的訂價法就能爭取到尊榮顧客，並且開始迅速而持續地成長。

就算沒有在市場中實行價格翻倍實驗，只要思考要怎麼做來支持該價位，便能好好轉換成以顧客為中心的思考模式，並且對於如何將公司的價值重新定位有所突破。實行上述兩個練習的公司，有的公司將價格提升100％，甚至是300％，也有公司認為增加5％、25％或50％更適合自身情況，而且仍可大幅促進生存和成長的能力。

把價格翻倍	顧客決策
是否有安全的方式能測試如果將價格翻倍會怎樣？ 例如：進入新市場、推出新產品、創造類似產品	顧客如何權衡決策？ 刻畫他們的決策過程。 例如：心力、時間、金錢、情感、忠誠度、干擾

本章練習

1. 把價格翻倍。

2. 刻畫顧客決策情境。

第10章

本章開始探索公司還使用哪些技巧和手段，達成更令人滿意的商業成果，尤其是包含製造消費品在內的多家公司，利用框架效應和促發的認知偏誤，來達到某些市場效果。一旦採用正確觀點，就能輕易辨識出顧客（尤其是消費者）通常不怎麼理性。了解另外一些特殊的認知偏誤，能幫助高成長企業改善顧客體驗，或是促使顧客做出對其有利的行為。運用多價位選項這類技巧，引導顧客決策的普遍程度令人吃驚。使用框架效應和促發能確實在市場中提升競爭力，也能實現更高的顧客價值。

接受偏誤
你察覺哪些顧客偏誤？ 競爭對手如何利用這些偏誤來增減顧客價值？

本章練習

找出你所屬組織中的偏誤。

第11章

到了目前這個階段，本書內容已經幫助很多人重新審視自己的訂價決策，並判定要做出哪些必要的改變，或是要在市場中進行哪些實驗，來做出合理調整。本章順勢將內容進一步延伸，提出更多公司用來有效提升價格的策略。

品牌對很多產品的認知和價值相當重要，而品牌外加包裝是上千種產品類別的差異化因子。

有時候公司會用隱性手段來掩飾實質價格，而起初的價格和顧客最終支付的價格天差地遠。顧客不是沒有注意到，就是發現時已經太遲，而難以改變行動。此外，要避開某些顧客的「敏感點」，顧問和服務公司有一個例子是收取每日工資費用，有時候公司發現降低每日工資會讓顧客認為很優待，就算服務的平均天數增加，使得總銷售價值不變。

很多顧客喜歡自己決定要付多少錢，提供價目表給這些顧客，會讓他們有所選擇。產品的差異程度有多大，或是其實大同小異，要視供應商而定，看來不同公司採用的手法相當不一。有些產業會對極為相似的產品設定多個價位，制定購買決策。還有一旦顧客到手，提供升級方案或增售能對雙方帶來良好價值。

不同層級的顧客需求不同，雖然在價格上一視同仁很方便，卻不見得合乎理性。因此，公司會用訂價來反映出多樣化，就像傳統市場區隔一樣，有些顧客願意、能夠且準備多

支付一些錢，有些則會少付一些錢。無須多說，在其他條件不變的情況下，願意多付錢的顧客通常是商業往來中最喜歡的合作對象，能帶來更多經濟剩餘，可用於再投資，並迎接後續一切好處。

除了不同行為區分層級外，顧客行為也會隨著時間變化。根據特定關係的「黏著度」，很多供應商會對個別顧客逐漸提高價格，這些訂價跑道提高價格的速度，不太會讓持續往來的高黏著度顧客有負面反應。當然，這些訂價跑道的起點也會視不同層級顧客而定。

顯性或隱性	使用的技巧
在你的產業裡，公司會使用顯性或隱性的方式來提高價格？	在你的產業裡，公司會運用哪些技巧來提高價格？ 例如：差異化、情感價值、價目表、增售、升級方案、總天數、搭售組合、多個價位、訂價跑道、超額需求
品牌	
在你的產業裡，品牌對於增加價值扮演什麼角色？	

本章練習

你打算如何運用這些漲價策略？

注釋

第 1 章

1. https://ustr.gov/trade-agreements/free-trade-agreements/transatlantic-trade-and-investment-partnership-t-tip/t-tip-12.

2. 我在書中主要都使用「產品」,請視為「產品或服務」。

第 2 章

1. 參見 https://dcincubator.co.uk/blog/60-of-new-businesses-fail-in-the-first-3-years-heres-why/。

2. 在協商理論與實務中,這個提問同時適用於顧客和供應商,能用以理解潛藏在他們背後的動機。

3. 參見 https://www.innocentdrinks.co.uk/content/dam/innocent/gb/en/files/innocent-good-all-round-report-2019.pdf。

4. 參見 William A. Sahlman, *Innocent Drinks*, Harvard Business School, 2004。

5. 參見 William A. Sahlman, *Innocent Drinks*, Harvard Business School, 2004。

6. 參見 https://www.marketingweek.com/consumers-regard-for-innocent-crashes/。

7. 參見 https://www.trustedreviews.com/news/android-phones-nearly-three-times-cheaper-than-iphone-2924886。

8. 參見 https://www.digitaltrends.com/web/amazon-more-expensive-that-competition-when-it-comes-to-most-books/。

9. 參見 https://en.wikipedia.org/wiki/Tesco#UK_operations。

10. 參見 https://www.mirror.co.uk/money/tesco-cost-up-11-more-13340632。

第3章

1. 這表示在95億8,400萬英鎊的銷售額中，損失淨收入1億6,300萬英鎊，參見 https://www.morningstar.com/stocks/chix/tcgl/financials。

2. 這表示2013年的6億7,500萬英鎊銷售額中，損失88萬7,000英鎊的毛利；而2014年的6億6,800萬英鎊銷售額中，則損失562萬9,000英鎊的毛利。估算結果取自英國公司註冊處提供的數字，參見 https://find-and-update.company-information.service.gov.uk/company/NF001705/filing-history， 以 及 https://www.figurewizard.com/BHS-Profit.html。

第4章

1. 4P分別為價格（Price）、通路（Place）、促銷（Promotion）、產品（Product），https://www.investopedia.com/terms/f/four-ps.asp。

2. 相較之下，近年來行為經濟學領域興起，有助於讓公司更加認識顧客行為及決策。

3. 廣義來說，供給和需求曲線在市場結算價格交會。

4. 此外，請注意所有圖表裡，採用同一零售商的價格，以公平有效比較。

5. https://www.theguardian.com/business/2015/dec/14/nurofens-maker-admits-misleading-consumers-over-contents-in-painkillers.

6. https://www.ukmeds.co.uk/nytol-one-a-night.

7. https://www.medicines.org.uk/emc/product/8071/pil.

8. https://www.chemist-4-u.com/antihistamine-cream-25g.

9. 波特著，李明軒、邱如美譯，《競爭優勢》（*Competitive Advantage: Creating and Sustaining Superior Performance*），天下文化，2010年。

10. 波特的著作針對整個產業或集中區隔活動，分析差異化策略和成本領導策略。如果公司同時嘗試差異化、成本領導和集中策略，就會變得「困在其中」。然而，此處使用「成本 vs. 差異化」的簡化比較方法以便說明。

11. https://www.wsj.com/graphics/apple-cash/.

12. 另一個理由是各國稅收不同，尤其是針對酒類和奢侈品。

13. 經濟學中的前景理論（prospect theory），也描述個人如何評估不平衡的潛在損益前景，和同樣程度的獲利相比，損失會帶給人較強烈的感受。

第5章

1. Marn, Michael V. and Rosiello, Robert L., 'Managing price, gaining profit', *Harvard Business Review*, Sept–Oct 1992.

2. 當然，考量到平均數的性質，在50%的情況下這都是正確的。

3. https://www.mckinsey.com/business-functions/marketing-and-sales/our-insights/pricing-distributors-most-powerful-value-creation-lever.

4. https://thealchemist.uk.com/.

第6章

1. 實際上，他們的利潤為買車價格（保密不說），以及轉賣銷售價格之間的價差。

2. 例如，過去數字（historical figures）是指過去的財務資料，不是像亨利八世（Henry VIII）那種歷史人物！

3. https://en.wikipedia.org/wiki/Satisficing.

4. https://www.seedlipdrinks.com/en-gb/our-story/.

5. https://www.gov.uk/tax-on-shopping/alcohol-tobacco.

6. 英國特許行銷協會、英國政府扶助成長計畫（Help to Grow）之小企業認證（Small Business Charter）。

7. Almquist, Eric, Senior, John and Bloch, Nicolas, 'The elements of value', *Harvard Business Review*, Sept 2016. https://hbr.org/2016/09/the-elements-of-value and https://media.bain.com/elements-of-value/https://media.bain.com/elements-of-value/.

8. Almquist, Eric, Senior, John and Bloch, Nicolas, 'The elements of value', *Harvard Business Review*, Sept 2016. https://hbr.org/2016/09/the-elements-of-value and https://media.bain.com/elements-of-value/.

9. 機會成本是指沒有採取某個行動所造成的價值損失，https://en.wikipedia.org/wiki/Opportunity_cost。

第7章

1. Steenkamp, Jan-Benedict E. M., 'The relationship between price and quality in the marketplace', *De Economist*, 136, 491–507, 1988.

2. Yun Jae, Hwang, Roe, Brian E. and Teisl M.F., 'Does price signal quality? Strategic implications of price as a signal of quality for the case of genetically modified food'. *International Food and Agribusiness Management Review*, 9, 93–114, 2006.

3. Verma, D. P. S. and Sen Gupta, Soma, 'Does higher price signal better quality?' *Vikalpa*, 29(2), 2004.

4. Gerstner, Eitan, 'Do high prices signal higher quality?' *Journal of Marketing Research*, 22(2), 209–215, 1985.

5. https://www.psychologytoday.com/gb/blog/the-science-behind-behavior/201802/when-high-prices-attract-consumers-and-low-prices-repel-them.

6. The psychology of pricing, Shapiro, Benson P, *Harvard Business Review*, 1968.

7. https://www.pnas.org/doi/10.1073/pnas.0706929105.

8. Deval, Hélène, Mantel, Susan P., Kardes, Frank R. and Posavac, Steven S., 'High quality or poor value: When do consumers make different conclusions about the same product?' *Journal of Consumer Research*, 2012. https://www.sciencedaily.com/releases/2012/10/121022121908.htm.

9. https://hbr.org/2017/10/why-you-should-charge-clients-more-than-you-think-youre-worth.

10. https://www.adbrands.net/archive/uk/stella-artois-uk-p.htm.

11. https://en.wikipedia.org/wiki/Reassuringly_Expensive.

12. https://hbr.org/2012/09/bringing-science-to-the-art-of-strategy.

13. Plassman, Hilke, O'Doherty, John, Shiv, Baba and Rangel, Antonio, 'Marketing actions can modulate neural representations of experienced pleasantness'. *Proceedings of the National Academy of Science*, 105(3), 1050–1054, 2008; https://doi.org/10.1073/pnas.0706929105. https://www.pnas.org/content/105/3/1050.full.

14. https://www.hkstrategies.com/en/magnify-neuromarketing-its-all-in-your-head/.

15. https://en.wikipedia.org/wiki/Coca-Cola.

16. https://en.wikipedia.org/wiki/Judgment_of_Paris_(wine).

17. 康納曼著，洪蘭譯，《快思慢想》，天下文化，2018年。

18. https://hbr.org/2015/04/why-strong-customer-relationships-trump-

powerful-brands.

19. https://hbr.org/2015/04/why-strong-customer-relationships-trump-powerful-brands.

20. 事實上，之所以會保留現金而不支付出去的不尋常舉動，有可能一方面是因為對這些資金的稅務考量，而蘋果可能是在等待更優惠的稅收措施，以便把這些資金匯回後，將一部分返還給股東。

第8章

1. https://www.inc.com/inc5000/.

2. Teece, David, Pisano, Gary and Shuen, Amy, *Firm Capabilities, Resources, and the Concept of Strategy*. University of California, Berkeley: Center for Research on Management, 1990.

第10章

1. 康納曼著，洪蘭譯，《快思慢想》，天下文化，2018年。

2. Graves, Philips, *Consumer.ology*, Nicholas Brealey, 2010.

3. 康納曼著，洪蘭譯，《快思慢想》，天下文化，2018年。

4. 特沃斯基和康納曼，https://en.wikipedia.org/wiki/Framing_(social_sciences)#Experimental_demonstration。

5. https://en.wikipedia.org/wiki/Framing_(social_sciences)#Experimental_demonstration.

6. 期望值理論（expected number theory）表示，平均而言，如果有人能夠進行這項投資，可獲取150%的報酬，換算成投資額，是驚人的50%淨利得。

7. 關於「我是否要主動出價」這一點並沒有完美的答案。不過，我會這樣回答，為協商做好萬全預備後，並且回顧所有可取得的資訊（像是參考替代品）後，你自認為掌握的資訊比對方來得多，率先出價來為協商定錨或許會對你有利。然而，如果你認為對方掌握較多的資訊，可能最好等對方率先出價，你可能會對價格高低感到驚訝。

8. https://www.fastfoodmenuprices.com/starbucks-prices/.

9. https://www.natso.com/topics/with-coffee-cup-size-live-large.

10. 艾瑞利，https://www.youtube.com/watch?v=xOhb4LwAaJk&feature=emb_logo。

第11章

1. https://www.lightspeedhq.co.uk/blog/why-do-restaurants-fail/.

2. https://www.fca.org.uk/publication/discussion/dp18-09.pdf.

3. https://www.forbes.com/powerful-brands/list/.

4. 買斷軟體的選項時有時無，有時候只讓某些類別的顧客族群選擇。在訂閱模式中，訂價明顯取決於偏好。

5. https://www.theguardian.com/money/2013/sep/07/switching-banks-seven-day.

6. 附帶說明，如果你不到50歲，可能會認為這些開發成本的數字很扯，你想得沒錯，不過在2000年，架設網站的案件表示要從零開始建置前台、中台、後台的程式碼。有時候現在只需要花半天的事，在2000年工程師要花3個月的時間。此外，當時很少人會架設網站，所以資源極為稀少。

7. 杜伯納、李維特著，李明譯，《蘋果橘子經濟學》，大塊文化，2010年。

第12章

1. https://en.wikipedia.org/wiki/List_of_mergers_and_acquisitions_by_Apple.

2. 「銷貨成本」在英國稱為 cost of sales，在美國則稱為 cost of good sold。

3. https://www.phonearena.com/news/Profit-margins-on-the-iPhone-have-fallen-to-60_id111023.

4. https://godigitally.io/food-vs-coffee-gross-profit-margin/.

5. 美國公司的資源範例，參見https://www.readyratios.com/sec/ratio/gross-margin/。

6. 我聽見你在問：「成長（grow）和擴大規模（scale）有什麼不同？」雖然這兩個詞彙有時候被當成同義詞，但我會認為成長是透過研發、創新及推出新產品的各式各樣方法，來增加公司規模。相較之下，擴大規模則是多做一點已經在實行的事。

7. 想更了解這個「困擾」問題的概念，參見艾瑞克‧萊斯（Eric Ries），廖宜怡譯，《精實創業：用小實驗玩出大事業》（*The Lean Startup: How Today's Entrepreneurs Use Continuous Innovation to Create Radically Successful Businesses*），行人，2017年。

延伸閱讀

撰寫企業和管理主題不可能單憑一己之力，還必須仰賴研究人員、學者及著作者。以下推薦我讀了頗有感觸的幾本相關書籍：

1. Simon Mosey, Hannah Noke, Paul Kirkham, *Building an Entrepreneurial Organisation*, Routledge 2017.

2. 波特著，李明軒、邱如美譯，《競爭優勢》，天下文化，2010年。

3. 西蒙著，蒙卉薇、孫雨熙譯，《精準訂價：在商戰中跳脫競爭的獲利策略》，天下雜誌，2018年。

4. Philip Graves, *Consumer.ology*, Nicholas Brealey Publishing 2013.

5. Robert M. Grant, *Contemporary Strategy Analysis*, Wiley 2019.

6. 查爾斯·麥凱（Charles Mackay）著，方霈譯，《大癲狂：金融投資領域的超級經典，全球投資者奉為必讀的「聖經」》（*Extraordinary Popular Delusions and the*

Madness of Crowds），海鷹文化，2022年。

7. 杜伯納、李維特著，李明譯，《蘋果橘子經濟學》，大塊文化，2010年。

8. 彼得‧席姆斯（Peter Sims）著，賴孟怡譯，《花小錢賭贏大生意：從脫口秀到熱賣產品都在用的「暢銷感測試」技術》（*Little Bets*），大寫，2012年。

9. 菲利普‧科特勒（Philip Kotler）、凱文‧蓮恩‧凱勒（Kevin Lane Keller）、亞歷山大‧切爾涅夫（Alexander Chernev）著，楊景傅、徐世同譯，《行銷管理》（*Marketing Management*），華泰文化，2023年。

10. 杜伯納、李維特著，李芳齡譯，《超爆蘋果橘子經濟學》（*Superfreakonomics*），時報，2018年。

11. 諾姆‧布羅斯基（Norm Brodsky）、鮑‧柏林罕（Bo Burlingham）著，林茂昌譯，《師父：那些我在課堂外學會的本事》（*The Knack, How Street-Smart Entrepreneurs Learn to Handle Whatever Comes Up*），早安財經，2016年。

12. 萊斯著，廖宜怡譯，《精實創業：用小實驗玩出大事業》，行人，2017年。

13. 康納曼著，洪蘭譯，《快思慢想》，天下文化，2018年。

致謝

在此感謝西蒙・莫西（Simon Mosey）、保羅・科卡姆（Paul Kirkham）、羅布・卡羅爾（Rob Carroll），以及諾丁罕大學海頓格林創新暨創業研究所（Haydn Green Institute for Innovation and Entrepreneurship）的所有同事；公報顧問公司（Bulletin）的尼爾・羅賓遜（Neil Robinson）；還有牛津大學（Oxford University）賽德商學院（Saïd Business School）的高盛（Goldman Sachs）一萬家小企業學程（10k SB Programme）；也要感謝好友大衛・丘拉（David Ciulla）給我的支持和鼓勵。

新商業周刊叢書　BW0834

為什麼他的商品可以翻倍賣？
華頓商學院MBA打破成本迷思的訂價學

原 文 書 名／Double Your Price: The Strategy and Tactics
　　　　　　　of Smart Pricing
作　　　者／大衛‧法爾扎尼（David Falzani）
譯　　　者／陳依萍
企 劃 選 書／黃鈺雯
責 任 編 輯／黃鈺雯
編 輯 協 力／蘇淑君
版　　　權／吳亭儀、林易萱、江欣瑜、顏慧儀
行 銷 業 務／周佑潔、林秀津、賴正祐、吳藝佳

總 編 輯／陳美靜
總 經 理／彭之琬
事業群總經理／黃淑貞
發 行 人／何飛鵬
法 律 顧 問／台英國際商務法律事務所
出　　　版／商周出版　臺北市中山區民生東路二段141號9樓
　　　　　　電話：(02)2500-7008　傳真：(02)2500-7759
　　　　　　E-mail：bwp.service@cite.com.tw
發　　　行／英屬蓋曼群島商家庭傳媒股份有限公司　城邦分公司
　　　　　　台北市 104 民生東路二段 141 號 2 樓
　　　　　　電話：(02)2500-0888　傳真：(02)2500-1938
　　　　　　讀者服務專線：0800-020-299　24小時傳真服務：(02)2517-0999
　　　　　　讀者服務信箱：service@readingclub.com.tw
　　　　　　劃撥帳號：19833503
　　　　　　戶名：英屬蓋曼群島商家庭傳媒股份有限公司城邦分公司
香港發行所／城邦(香港)出版集團有限公司
　　　　　　香港灣仔駱克道 193 號東超商業中心 1 樓
　　　　　　電話：(825)2508-6231　傳真：(852)2578-9337
　　　　　　E-mail：hkcite@biznetvigator.com
馬新發行所／城邦(馬新)出版集團
　　　　　　Cite (M) Sdn Bhd
　　　　　　41, Jalan Radin Anum, Bandar Baru Sri Petaling,
　　　　　　57000 Kuala Lumpur, Malaysia.
　　　　　　電話：(603)9057-8822　傳真：(603)9057-6622　email: cite@cite.com.my

封 面 設 計／萬勝安　　內文設計暨排版／無私設計‧洪偉傑
印　　　刷／鴻霖印刷傳媒股份有限公司
經 銷 商／聯合發行股份有限公司　電話：(02)2917-8022　傳真：(02) 2911-0053
　　　　　　地址：新北市 231 新店區寶橋路 235 巷 6 弄 6 號 2 樓

ISBN／978-626-318-859-4（紙本）　978-626-318-864-8（EPUB）
定價／460元（紙本）　320元（EPUB）

國家圖書館出版品預行編目(CIP)數據

為什麼他的商品可以翻倍賣？：華頓商學院MBA
打破成本迷思的訂價學／大衛.法爾扎尼(David
Falzani)著；陳依萍譯. -- 初版. -- 臺北市：商周
出版：英屬蓋曼群島商家庭傳媒股份有限公司城邦
分公司發行, 2023.10
　　面；　公分. --（新商業周刊叢書；BW0834)
譯自：Double your price：the strategy and
tactics of smart pricing
ISBN 978-626-318-859-4（平裝）

1.CST: 價格策略 2.CST: 策略規劃

496.6　　　　　　　　　　　112015151

2023 年 10 月初版
Double Your Price: The Strategy and Tactics of Smart Pricing
© David Falzani 2023

城邦讀書花園
www.cite.com.tw

商周出版

10480　台北市民生東路二段141號9樓

英屬蓋曼群島商家庭傳媒股份有限公司城邦分公司　收

- -

請沿虛線對摺，謝謝！

書號：BW0834	書名：為什麼他的商品可以翻倍賣？

請於此處用膠水黏貼

 商周出版

讀者回函卡

感謝您購買我們出版的書籍！請費心填寫此回函卡，我們將不定期寄上城邦集團最新的出版訊息。

不定期好禮
立即加入：
Facebook

姓名：＿＿＿＿＿＿＿＿＿＿＿＿＿＿＿＿＿＿ 性別：□男 □女

生日：西元＿＿＿＿＿＿年＿＿＿＿＿＿月＿＿＿＿＿日

地址：＿＿＿＿＿＿＿＿＿＿＿＿＿＿＿＿＿＿＿＿＿＿＿

聯絡電話：＿＿＿＿＿＿＿＿＿＿ 傳真：＿＿＿＿＿＿＿＿＿

E-mail：

學歷：□ 1. 小學 □ 2. 國中 □ 3. 高中 □ 4. 大學 □ 5. 研究所以上

職業：□ 1. 學生 □ 2. 軍公教 □ 3. 服務 □ 4. 金融 □ 5. 製造 □ 6. 資訊

　　　□ 7. 傳播 □ 8. 自由業 □ 9. 農漁牧 □ 10. 家管 □ 11. 退休

　　　□ 12. 其他＿＿＿＿＿＿＿＿＿＿＿＿＿＿＿＿＿＿＿

您從何種方式得知本書消息？

　　　□ 1. 書店 □ 2. 網路 □ 3. 報紙 □ 4. 雜誌 □ 5. 廣播 □ 6. 電視

　　　□ 7. 親友推薦 □ 8. 其他＿＿＿＿＿＿＿＿＿＿＿＿＿

您通常以何種方式購書？

　　　□ 1. 書店 □ 2. 網路 □ 3. 傳真訂購 □ 4. 郵局劃撥 □ 5. 其他＿＿＿＿

您喜歡閱讀那些類別的書籍？

　　　□ 1. 財經商業 □ 2. 自然科學 □ 3. 歷史 □ 4. 法律 □ 5. 文學

　　　□ 6. 休閒旅遊 □ 7. 小說 □ 8. 人物傳記 □ 9. 生活、勵志 □ 10. 其他

對我們的建議：＿＿＿＿＿＿＿＿＿＿＿＿＿＿＿＿＿＿＿＿＿

＿＿＿＿＿＿＿＿＿＿＿＿＿＿＿＿＿＿＿＿＿＿＿＿＿＿＿＿

請於此處用膠水黏貼